U0345986

信息技术与园林工程

李　鹏◎著

北京工业大学出版社

图书在版编目（CIP）数据

信息技术与园林工程 / 李鹏著. -- 北京 : 北京工业大学出版社, 2024. 7. -- ISBN 978-7-5639-8675-0

Ⅰ. TU986.3-39

中国国家版本馆 CIP 数据核字第 2024UV7911 号

信息技术与园林工程

XINXI JISHU YU YUANLIN GONGCHENG

著　　者：李　鹏

策划编辑：杜一诗

责任编辑：付　存

封面设计：陈　丽

出版发行：北京工业大学出版社

　　　　　（北京市朝阳区平乐园 100 号 邮编：100124）

　　　　　010-67391722（传真）bgdcbs@ sina. com

经销单位：全国各地新华书店

承印单位：北京虎彩文化传播有限公司

开　　本：787 毫米 × 1092 毫米　1/16

印　　张：9.5

字　　数：220 千字

版　　次：2024 年 7 月第 1 版

印　　次：2024 年 7 月第 1 次印刷

标准书号：ISBN 978-7-5639-8675-0

定　　价：39.00 元

作者简介

　　李鹏,男,2009 年毕业于曲阜师范大学计算机科学与技术专业,现主要研究方向为信息化技术与应用、城市建设管理、公共管理等。多年来,从事自动化控制、系统管理维护、市政园林、城市管理、网络安全等方面的工作,积累了丰富的实践经验,将计算机科学的先进理念融入城市建设和管理的实践中,推动了相关领域的应用创新和技术发展,实现了传统领域自动化、智能化和智慧化的转型。参与和主持完成多项省、市级工程项目和课题研究,已取得国家发明专利 5 项,专业能力和综合素质得到同行专家的认可。

前　　言

　　基于社会经济高速发展的大环境,我国城市园林建设水平较过去有了显著的提高。能否迎合现代城市宜居环境建设的实际需求,关键在于能否持续提升园林建设水平,能否持续推动园林工作开展。为此,相关主体必须在充分考虑当前园林建设发展实际需要的前提下,在园林管理过程中高效利用信息技术,提高园林工作效率,从而为园林工作的有效开展创造有利条件。

　　园林信息技术的形成与发展是园林实现现代化发展的重要手段。高效利用园林信息技术是现阶段园林行业发展过程所必须处理的一大问题,同时也是推动我国园林现代化发展的有效路径之一。为此,本书对信息技术在园林工程中的应用进行了分析,并对如何应用信息技术促进园林工程的规划、设计等方面的发展进行了相应探讨。

　　随着社会发展的日新月异,信息技术的应用更加广泛。在现代信息社会中,人们已经不能满足于一些陈旧、固定不变的思维模式,新鲜事物层出不穷。本书首先系统地介绍了信息技术与园林工程的相关概念;其次,介绍了信息技术在园林工程各阶段的应用,并详细分析了园林规划与设计、园林施工建设、园林景观绿化养护管理的全过程;最后,论述当前信息时代下园林发展的热门观点和发展趋势,为从事信息技术及园林相关的工作人员提供参考。

　　本书在编写过程中参考和借鉴了一些专家、学者的研究成果和资料,在此特向他们表示感谢。由于编写时间仓促,编写水平有限,不足之处在所难免,恳请专家和广大读者批评指正,以便改进。

目　　录

第一章　信息时代的园林工程

第一节　信息技术与信息社会

人类社会已由工业社会全面进入信息社会。在信息时代中,信息是一种与材料和能源同样重要的资源。以开发和利用信息资源为目的的信息技术的发展彻底改变了人们工作、学习和生活的方式。

一、信息的概念

（一）信息的内涵

人类现在进入了一个信息社会,现代社会到处都在谈论信息,人们越来越多地听到"信息"这个名词。借助信息高速公路,人们将要迎接一个信息爆炸的新时代。

那么,什么是信息?

广义上讲,信息就是消息。信息是对客观事物存在形式及其运动状态的描述。一切存在都有信息。对人类而言,人的五官生来就是为了感受信息的,它们是信息的接收器,它们所感受到的一切,都是信息。然而,大量的信息是人们的五官不能直接感受的,人类正通过各种手段,发明各种仪器来感知信息、发现信息。

不过,人们一般说到的信息多指信息的交流。信息本来就是可以交流的,如果不能交流,信息就没有用处了。信息还可以被储存和使用。人们所读过的书,所听到的音乐,所看到的事物,所想到或者做过的事情,都是信息。

信息同物质、能源一样重要,是人类生存和社会发展的三大基本资源之一。可以说信息不仅维系着人类的生存和发展,还在不断推动着社会和经济的发展。

数据与信息是信息科学中常用的术语,是不同的概念。但人们有时把这两个词混淆使用。数据是信息的载体,数值、文字、语言、图形、图像等都是不同形式的数据。数据是计算机加工处理的对象,是未加工的对象。而信息是数据经过加工以后能为某个目的使用的数据,是数据的内容或诠释。

（二）信息的分类

信息有许多种分类方法。信息按产生的先后或加工深度划分,可分为一次信息、二次信息、三次信息;按表现形式划分,可分为文献型、档案型、统计型、动态型、图像型;按来源划分,可分为书本、报刊、电视、人、具体事物。

（三）信息的特征

信息具有以下特征。

1. 无限性

只要事物在运动,就有信息存在;只要人类认识和改造客观世界的活动不停止,这些活动就会产生大量的信息供人类利用。

2. 载体依附性

信息不能独立存在,必须依附媒介才能传播,即信息要借助于某种符号表现出来,如文字、声音、图像等,而这些符号又要依附在纸张、磁带、光盘等载体上。

3. 可识别性

信息是可以识别的。针对不同的信息源,可采用直接识别和间接识别两种方式来识别。

4. 可转换性

信息可以从一种形态转换为另一种形态。如自然信息可转换为语言、文字和图像等形态,也可转换为电磁波信号或计算机代码。

5. 可存储性

信息可以存储。大脑就是一个天然的信息存储器。人们可以通过文字、摄影、录音、录像等方式储存信息。

6. 可传递性

信息的传递是与物质和能量的传递同时进行的。语言、表情、动作、报刊、书籍、广播、电视、电话等是人类常用的信息传递方式。

7. 可压缩性

人们对信息进行加工、整理、概括、归纳就可使之精练,从而浓缩。因此人们可以用不同的信息量来描述同一事物。

8. 时效性

信息具有一定的时效性。一条信息在某一时刻价值非常高,但过了这一时刻,可能一点儿价值也没有。如现在的金融信息,在需要知道的时候会非常有价值,但过了这一时刻,这一信息就会毫无价值。又如战争时的信息,敌方的信息在某一时刻有非常重要的价值,可以决定战争的胜负,但过了这一时刻,这一信息就变得毫无用处。

9. 可共享性

信息在一定的时空范围内可以被多个认识主体接收和利用,而且信息不会像物质一样因为共享而减少,反而可以因为共享而衍生出更多。

(四)信息的形态

在当代,由于科学技术的发展,信息一般表现为四种形态:数据、文本、声音和图像。这四种形态之间可以相互转化。

1. 数据

数据通常被人们理解为"数字",这不全面。从信息科学的角度来考察,数据是指计算机能够生成和处理的所有事实,包括数字、文字、符号等。当文本、声音、图像在计算机里被简化成"0"和"1"的原始单位时,它们便成了数据。人们储存在"数据库"里的信息,自然也不仅仅是一些"数字"。尽管数据先于计算机存在,但是,导致信息经济出现的正是计算机处理数据的这种独特能力。

2. 文本

文本是指书写的语言——"书面语",以表示它同"口头语"的区别。从技术上说,口头语言只是声音的一种形式。文本可以用手写,也可以用机器印刷出来。虽然计算机可以代替人们写字,但手写的文字永远具有魅力,不可忽视。在人类目前所处的阶段,计算机已经学会识别手写的文字,一旦需要,它还能为协议、合同等"验明正身"。

3. 声音

声音是指人们用耳朵听到的信息,目前,人们听到的基本上是两种信息——说话的声音和音乐。无线电、电话、唱片、录音机等,都是人们用来处理这两种信息的工具。

4. 图像

图像是指人们能用眼睛看见的信息。它们可以是黑白的,也可以是彩色的。它们可以是照片,也可以是图画。它们可以是艺术的,也可以是纪实的。它们还可以是一些表述或描述、印象或表示——只要能被人们看见就行。经过扫描的一页文本或数据的图像,也被视为一个单独的图像——虽然新的程序能再次改变这个图像。复印机、传真机、打印机、扫描仪是不同的,但基本上又是发挥类似功能的机器,所以很可能会在将来的某个时候合而为一。当然,从技术处理难度来说,在静态的图像和动态的图像、自然的图像和绘制的图像之间,仍存在着很大的差别。

在当代,每一种形态的信息都发生了技术上的重大变化:从非立体声到立体声,从黑白电视机到彩色电视机,从手拣铅字到电子排版,等等。同时,文本、数据、声音、图像还能相互转化。一张图画可能相当于 1 000 个字,并由 10 万个点组成。"点"又可能是数字、文字或符号。乐谱上的乐曲之所以能被乐师演奏,是因为技术工作者把像"点"一样的图像转化成了声音。秘书记录别人口授的语言,则是把声音变成文字。当数字化了的信息被输入计算机或从计算机中被输出,数字又可以用来表示上述这些形态中的任何一种。于是,过去曾被视为毫不相干的行业——计算机、通信、电视、出版等,现在却又成了"亲戚"。

二、信息技术

(一)信息技术的含义

信息技术是指获取、表示、传递、存储和加工信息等技术的总和。在当代,信息技术被赋予了新的定义,信息技术是指以微电子学为基础,借助通信技术和以计算机及其网络为核心的技术体系,对文字、图像、音频、视频等各种信息进行获取、加工、储存、传播和使用的技术。

(二)信息技术的关键技术

1. 微电子技术

微电子技术包括系统电路设计、器件物理、工艺技术、材料制备、自动测试以及封装、组装等一系列专门的技术,是微电子学中的各项工艺技术的总和。

2. 传感技术

传感技术是一种从自然信源获取信息,并对之进行处理和识别的技术。人们发明了各种可以代替、补充或延伸人类感觉器官功能的传感器,并广泛应用于生产和生活的各个方面。

3. 通信技术

通信技术是指通信过程中的信息传输和信号处理所涉及的各方面技术的集合。现代通信技术主要指以电磁波、声波、光波的方式,把信息通过电脉冲从发送端(信源)传输到一个或多个接收端(信宿)的一系列技术,包括数字通信技术、信息传输技术、光纤接入技术、无线接入技术等。

4. 计算机技术

计算机技术是指计算机领域中所运用的技术方法和技术手段,包括计算机系统技术、计算机器件技术、计算机部件技术和计算机组装技术等几个方面。

5. 人工智能技术

人工智能技术是一种基于计算机系统的智能化技术。它借助计算机技术、机器学习、深度学习、自然语言处理、计算机视觉、知识图谱等多种技术手段,通过对大量数据的学习和分析,来模拟、延伸和扩展人的智能,感知环境、获取知识并使用知识获得最佳结果。

(三)信息技术的影响

在现代社会,信息技术不断发展和进步,人们的学习和生活等方面也随之发生了重大变化。

1. 正面影响

现代信息技术改变了人们的生活、学习和工作方式,为社会注入了新的思想与文化内涵,促进了社会发展与进步。以信息技术为主导的信息产业的发展,使社会生产得到了迅速提高,给交通出行、医疗卫生、电子商务、教育教学、机械制造、农产品种植、航空航天、国防军事等众多领域带来了新的变化,以下仅介绍几个方面。

(1)交通出行更加便捷

有了各类信息服务系统和信息终端的支持,我们的交通出行变得既快捷又舒适。例如,出差或旅游时,可以提前在网上购买火车票、飞机票等;去陌生的地点时,可以通过电子地图获得公交、地铁的乘车路线,等待乘车时还可以实时查看车辆预计到站的时间;驾车出行时,利用软件不仅可以沿途导航,还可以实时了解交通路况、绕过拥堵路段。

(2)医疗系统更加完善

随着信息技术在医疗领域的深度应用与融合,新的服务模式快速渗透到医疗领域的各个环节。通过计算机网络,医院把医疗设备、医学影像系统和信息管理系统等连接起来,实现了临床数据的实时存储、查询和共享。同时,通过互联网络,患者可以用手机、计算机等终端在网上挂号、查询诊断结果等。

信息技术使医学影像技术、生理检测与监护技术、临床检验技术等医疗技术的诊断更加精准,效率更高。

（3）商务模式更加多样

近年来，随着互联网的普及，一种新型商务模式——电子商务发展迅速。它主要指通过计算机网络进行的电子交易和相关服务活动，是"互联网＋"应用的典型案例，主要表现为消费者网上购物、商户之间的网上交易和在线电子支付以及各种金融活动、交易活动和相关综合服务。

越来越多的人不再携带现金，因为只要通过网上银行、移动支付等服务，就可以转入、转出资金，给购买的货品付款，缴纳水费、电费、燃气费等。这种信息技术环境下的交易活动，具有交易方便快捷、流通环节少、市场规模大等优点，把政府、企业、个人带入网络金融的新天地，人们不再受时间和地域的限制，足不出户就可完成各种商务活动。

（4）教育教学更加智能

信息技术给教学带来了从硬件到软件，从学校管理、教师授课到学生自主学习等各个环节的变革与创新，从根本上改变了教与学的方式。在课堂教学中，教师利用各种信息工具引导学生参与学习，主动建构知识，使课堂变成了师生、生生互动的场所，学生成为真正的学习主体。

网络教学、网络课程、教育资源上网、远程教育等教育方式的出现，为每个社会公民的终身学习提供了便利，终身学习逐渐成为社会对每个公民的必然要求。

2. 负面影响

科学技术的发展像一把双刃剑，一方面给人类的未来带来光明，使人憧憬未来；另一方面也使人类的未来笼罩上阴影，使人忧虑和担心。现代信息技术对城市发展的负面影响主要表现在以下几个方面。

（1）人口的就业压力

虽然现代信息技术创造的就业岗位是否少于其取代的就业岗位尚有争议，但现代信息技术的发展使社会的就业结构向智能化趋势发展却是共识。因而，现代信息技术会导致结构性失业。解决这个问题的根本办法在于人们要"终身学习"，这要求城市教育信息网提供方便。

（2）信息分配不公

信息高速公路可以使地域的空间差别缩小到最小，但由于信息高速公路的建设是有时序性的，其到达的地域有先有后，这就造成了地域之间的信息分配不公，城乡之间差距有可能扩大。相关部门应充分认识到这一点，全盘考虑信息高速公路的建设。

（3）信息环境面临难题

现代信息技术给人类带来了高效、方便的信息服务，同时也使人类信息环境面临许多前所未有的难题，如隐私权受侵问题、知识产权问题、信息污染问题、信息犯罪问题等。

（四）信息技术的发展趋势

信息技术在社会的各个领域都得到了广泛的应用，如工厂自动化、办公自动化、家庭自动化等，显示出了强大的生命力。纵观人类科技发展的历程，还没有一项技术像现代信息技术一样对人类社会产生如此巨大的影响。未来，信息技术还将沿着数字化、网络化、智能化的方向，继续影响人类社会的发展。未来的信息技术将呈现以下特点。

1. 更多样的信息采集与处理终端

随着数字化技术的发展，集成电路芯片越来越小，功能却越来越多。给手机、智能手表或电视、冰箱等安装上合适的芯片，并通过网络技术、传感技术等连接起来，人们就可以通过任何一个信息终端，随时随地获取和交流信息。

2. 更广泛的信息通信网络

通信技术与计算机技术将进一步交融，使人们随时随地能够安全、快捷、高效地享受信息服务。现有的各种信息网络将不断融合，媒体信息的传播、处理与存储将被整合到一个功能强大的信息网络之中。

3. 更智能的信息交互方式

随着语音识别、人脸识别、指纹识别、虚拟现实、体感操作等技术的进步，人们可以体验到更加智能的信息交互方式。只要动动嘴、动动手、眨眨眼，甚至只是在头脑中闪出一个想法，就能操控智能设备进行信息处理。

三、信息社会

(一)信息社会的含义

信息社会也称信息化社会，是指脱离工业化社会以后，信息将起主要作用的社会。我国国家信息中心对信息社会进行了界定：所谓信息社会，是以电子信息技术为基础，以信息资源为基本发展资源，以信息服务性产业为基本社会产业，以数字化和网络化为基本社会交往方式的新型社会形态和新的社会发展阶段。

"信息化"的概念是在20世纪60年代初提出的。一般认为，信息化是指信息技术和信息产业在经济和社会发展中的作用日益加强，并发挥主导作用的动态发展过程。它以信息产业在国民经济中的比重、信息技术在传统产业中的应用程度和信息基础设施建设水平为主要标志。

从内容上看，信息化可分为信息的生产、应用和保障三大方面。信息生产，即信息产业化，要求发展一系列信息技术及产业，涉及信息和数据的采集、处理、存储技术，包括通信设备、计算机软件和消费类电子产品制造等领域；信息应用，即产业和社会领域的信息化，主要表现在利用信息技术改造和提升农业、制造业、服务业等传统产业，大大提高各种物质和能量资源的利用效率，促使产业结构的调整、转换和升级，促进人类生活方式、社会体系和社会文化发生深刻变革；信息保障，即保障信息传输的基础设施和安全机制，使人类能够可持续地提升获取信息的能力，包括基础设施建设、信息安全保障机制、信息科技创新体系、信息传播途径和信息能力教育等。

(二)信息社会的基本特征

信息社会主要有以下四个特征。

1. 信息经济

与传统的农业经济和工业经济相比，信息经济具有的特征可概括为：人力资源知识化、发展方式可持续化、产业结构软化、经济水平发达。

2. 网络社会

网络社会的具体特征包括：信息基础设施的完备性、社会服务的包容性、社会发展的协调性。

3. 在线政府

信息社会的发展对政府治理提出了新的要求，主要体现在科学决策、公开透明、高效治理、互动参与四个方面。

4. 数字生活

在信息社会，人们的生活方式和生活理念发生了深刻变化，主要体现在生活工具数字化、生活方式数字化、生活内容数字化三个方面。

(三)信息社会的未来发展

随着现代信息技术的发展，信息产业的各个分支也形成了多元化的发展趋势。总体来说，未来信息社会将有以下几种发展方向：微电子学和光电子学正在向高效率发展；现代通信技术正在向网络化、数字化、宽带化发展；信息技术将促进遥感技术的蓬勃发展。

正如农业技术革命将人类带入农业社会，工业技术革命将人类带入工业社会，信息技术革命必然会将人类带入信息社会。由于信息技术革命仍在加速进行，人们对信息社会的认知也在不断发展中。

第二节　园林工程

一、园林的概念

园林是指在一定地域内用工程技术和艺术手段，通过因地制宜地改造地形、整治水系、栽种植物、营造建筑和布置园路等方法创作而成的优美的、生态环境良好的自然环境和游憩境域。

二、园林的性质与功能

(一)园林的性质

园林的性质有社会属性和自然属性之分。从社会属性看，古代园林是皇室贵族和高级僧侣们的奢侈品，是供少数富裕阶层游憩、享乐的花园或别墅庭园。唯有古希腊由于民主思想发达，出现过民众可享用的公共园林。现代园林是由政府主管的充分满足社会全体居民游憩、娱乐需要的公共场所。园林的社会属性从私有性质到公有性质的转化，从供少数贵族享乐到为全体社会公众服务的转变，必然影响到园林的表现形式、风格特点和功能等方面。

从自然属性看，无论古今中外，园林都是表现美、创造美、追求美的景观艺术环境。园林中浓郁的林冠、鲜艳的花朵、明净的水体、动人的鸣禽、俊秀的山石、优美的建筑及栩栩如生的雕像艺术等，都令人赏心悦目、流连忘返。园因景胜，景以园异。虽然各园的景观千差万别，但是都改变不了美的本质。

然而,由于自然条件和文化艺术的不同,各民族对园林美的认识有很大差异。欧洲大部分国家的古典园林以规则、整齐、有序的景观为美;英国自然风景式园林以原始、纯朴的自然景观为美;而中国园林追求自然山水与精神艺术美的和谐统一,以诗情画意为美。

(二)园林的功能

园林最初的功能和园林的起源密切相关。中国早期的园林"囿",古埃及、古巴比伦时代的猎苑,都保留有人类采集、渔猎时期的狩猎功能;当农业逐渐繁荣以后,中国的秦汉宫苑、魏晋庄园和古希腊的庭园、古波斯的花园,除游憩、娱乐之外,还仍然保留有经营蔬菜、果树等经济作物的功能;另外,田猎在古代的宫苑中一直风行。随着人类文化的日益丰富、自然生态环境的变迁和园林社会属性的变革,园林类型越来越多,功能亦不断变化。

回顾古今中外的园林类型,其功能主要有:

1. 狩猎(或称围猎)

主要是在郊野的皇室宫苑进行,供皇室成员观赏,兼有训练禁军的目的;此外还在贵族的庄园或山林进行。随着现代生态环境的变化,人们保护野生动物的意识增强,园林的狩猎功能逐渐消失,澳大利亚、新西兰的某些森林公园尚存田猎活动。

2. 观赏

对园林及其内部各景点进行观览和欣赏,有静观与动观之分。静观是在一个景点(往往是制高点或全园中心)观赏全园或部分景点;动观是一边行进一边观赏园景,无论是步行还是乘交通工具游园,都有时移景异、物换星移之感。另外,因观赏者的角度不同,会产生不同的感受,正所谓"横看成岭侧成峰,远近高低各不同"。

3. 休憩

古代园林中往往设有居住建筑,供园主、宾朋居住或休息;现代园林一般结合宾馆等设施,以接纳更多的游客,满足游人驻园游憩的需求。

4. 集会、演说

古希腊时期在神庙园林周围,人们聚集在一起举行政见发表、演说等活动。资产阶级革命胜利后,过去皇室的贵族园林被收为国有,向公众开放,园林一时游人云集,人们在此议论国事、发表演说。所以,后来欧洲公园有的专辟一角,供人们集会、演说。

5. 文体娱乐

古代园林就设有很多娱乐项目。中国有琴棋书画、龙舟竞渡、蹴鞠,甚至斗鸡走狗等活动;欧洲有骑马、射箭、斗牛等活动。现代园林为了更好地为公众服务,增加了文艺演出、体育锻炼等大型的娱乐活动。

6. 饮食

在以人为本的思想的指导下,现代园林为方便游客,或招徕游客,增加了饮食服务,进一步拓展了园林的服务功能。然而,提供饮食场所并不意味着到处可以摆摊设点,那些有碍观瞻、大煞风景的场所和园林的发展是背道而驰的。

三、园林工程的概念

园林工程是园林、城市绿地和风景名胜区中除园林建筑工程以外的工程,包括体现园林地貌创作的土方工程、园林筑山工程、园林理水工程、园路工程、园林铺地工程、种植工程等。它是应用工程技术来表现园林艺术,使地面上的工程构筑物和园林景观融为一体的。

四、园林工程的特点

园林工程实际上包含了一定的工程技术和艺术创造,是地形地物、石木花草、建筑小品、道路铺装等造园要素在特定地域内的艺术体现。因此,园林工程与其他工程相比具有其鲜明的特点。

(一)园林工程的技术性

园林工程是一门技术性很强的工程,它涉及土建施工技术、园路铺装技术、苗木种植技术、假山叠造技术及装饰装修、油漆彩绘等诸多技术。

(二)园林工程的艺术性

园林工程不仅需要强大的技术支持,还需要工作者具有一定的艺术审美能力。因此,园林工程也是一门艺术工程,涉及建筑艺术、雕塑艺术、造型艺术、语言艺术等多门艺术。

(三)园林工程的综合性

园林工程作为一门综合性工程,在进行园林产品的创作时,所要求的技术无疑是复杂的。随着园林工程日趋大型化,协同作业、多方配合的特点日益突出;同时,随着新材料、新技术、新工艺、新方法的广泛应用,园林各要素的施工更注重技术的综合性。

(四)园林工程的时空性

园林景观受空间和时间的制约,并随着二者的变化而变化。园林工程在不同的地域,其空间性的表现形式迥异。园林工程的时间性,则主要体现于水体和植物景观上。

(五)园林工程的安全性

"安全第一,景观第二"是园林创作的基本原则。园林工程建设中的景石假山、水景驳岸、供电防火、设备安装、大树移植、建筑结构、索道滑道等均需符合人们的安全需求。

(六)园林工程的后续性

园林工程的后续性主要表现在两个方面:一是园林工程各施工要素有着极强的工序性;二是园林作品不是一朝一夕就可以完全体现景观设计最终理念的,必须经过较长时间才能显示其设计效果,因此项目施工结束并不等于作品已经完成。

(七)园林工程的体验性

园林工程的体验性是时代的要求,是欣赏主体——人的心理美感的要求,是现代园林工程以人为本最直接的体现。人的体验是一种特有的心理活动,实质上是将人融于园林作品之中,通过自身的体验得到全面的心理感受。园林工程正是给人们提供这种心理感受的场所,这种审美追求对园林工作者提出了很高的要求,即要求将园林工程中的各个要素都尽可能做到完美无缺。

(八)园林工程的生态性与可持续性

园林工程与景观生态环境密切相关。这就要求园林工作者按照生态环境学理论进行设计和施工,保证建成后各种设计要素对环境不造成破坏,建造的园林要能反映一定的生态景观,体现出可持续发展的理念。

第二章　园林规划与设计

第一节　园林规划与设计概述

一、园林规划与设计

城市园林是城市中的"绿洲",不仅为城市居民提供了文化以及其他活动的场所,也给人们了解社会、认识自然、享受现代科学技术带来了方便。园林规划与设计是一门研究如何应用艺术和技术手段处理自然、建筑和人类活动之间复杂关系,以达到和谐完美、生态良好、景色如画境界的一门学科。它的构成要素包括地形、植物、水体、建筑、铺装、园林构筑物等。所有的园林规划与设计,都是建立在这些要素的有机组合之上的。因此,相关园林理论付诸实践的最终落脚点就是这些设计要素。

(一)艺术性设计

园林的规划与设计应当具有一定的审美价值,在满足实用性的同时也满足其中的艺术性。现代园林的规划设计,应当从各种艺术门类中吸收灵感,不论是美术、音乐还是建筑,在吸取诸多艺术的特点之后,最终建设成的园林都能够给予更多人来自艺术的美感。历史上的诸多艺术流派均能为园林设计提供可参考的艺术形式,让园林设计更加多样化。因此,园林建设最先应当考虑园林的实用价值,同时重视其艺术性,让传统艺术与现代园林相结合,使其符合现代文明,同时传达艺术思想。

(二)人性化设计

所谓的人性化设计,便是在园林设计的过程中,以游客为中心,在重视园林景观设计的同时,努力为游客着想,最终设计出一个符合游客审美心理且更加便利的园林,让游客在这样的园林中获得身心上的放松。想要达到这一点,设计者需将心理学等学科融入园林设计当中去,努力构想人在不同的环境和条件之下会产生的不同心理状态和行为,最终拓宽园林的内涵,从而达到以人为本的人性升华,建造出一个成功的现代都市园林。

(三)意境创造

意境美是一种在设计之初就努力营造的氛围,它通过园林景观中的文字、图案,甚至部分结构,将一定的情感要素传达给游客,从而使游客触景生情,在情景交融的环境中感受到园林艺术的魅力。然而这种意境的营造需要设计者融合多种要素,才能为游客提供一定的心灵感受。就现代园林建设而言,具有这种意境创造的园林为数不多,因此,园林设计者们可以更多地从我国古典园林中寻找灵感,建设出有别于其他园林且富有中国魅力的园林,让游客在其中流连忘返。

二、现代园林建筑——小品

在古典园林里,没有"小品"这个名词,园林建筑是诸如亭、廊、榭、舫、厅、堂、馆、轩、斋、楼、阁等类型的统称。在社会物质生活水平不断提高的当代,对园林精神享受需求的多样化要求也随之提高。在现代园林里,园林建筑的类型、功能、形式等发生了变化,例如古代园林里的廊,在当代园林里已演变为花架的形式。而"园林小品"这一现代园林中特有的名词,是泛指园林中供休息、装饰、照明、展示和为园林管理及方便游人之用的小型建筑设施。"园林小品"是当今园林景观营造的重要角色,是人与环境关系作用中最基础、最直接、最频繁的实体。

三、园林规划与计划的发展趋势

现代园林建设已经向着自然化、人文化的趋势发展,许多设计者都意识到园林存在的意义便是让生活在城市中的人们更加贴近自然,因此园林设计时应当找到人与自然间相互作用的平衡点,从而进行园林建设。生态园林指的是以生态学原理为指导建设的园林绿地系统。在这样的园林中,植物造景是其主要组成部分,木本植物是其中必不可少的生物群,在诸多植物的共同作用下,形成一个充分利用自然资源的空间,并且能够更加充分地改善城市的生态环境建设。生态园林是园林发展的必然趋势。在园林建设中,自然原生态的景物才是现代城市急切需求的,既能够为城市降低噪声,又能够改善城市的空气质量。

第二节　园林规划与设计原则

一、因地制宜与顺应自然原则

现代园林设计的内容早已超越了传统的"园林范畴",突破了传统的学科界限。区域景观环境、风景环境、乡村、高速公路、城市街道、停车场、建筑屋顶、河流,乃至雨水系统、海绵城市系统都成为现代园林学关注的对象。从花园到公园,再到公园体系,包含建成环境与风景环境,园林学的研究尺度不断拓展,带来了研究界面的拓展,使得园林师关注的范畴不断扩大。既不囿于小尺度的视角去探讨"点"的问题,也不局限于从区域的高度出发,思考"面"的问题,而是扩展到区域,甚至国土范围,在多层次的视角下,思考人居环境系统与结构性问题。

随着尺度的拓展,自然在场所中占据主导地位,风景环境中自然力成为场所的主导,难以继续一成不变地套用过往的设计理念和方法,形式"美"再也无法成为设计的主角。自然力是无穷的,塑造了地球上绝大部分的景观,而人类对地貌的改变仅仅是极小的一部分。在现有条件下,人类之力无法与自然力相抗衡。消除自然力的影响将耗费巨大的人力、物力,而且是不可持续的,高维护成本下,人类抵抗自然的防线往往会瞬时一溃千里,泥石流、台风、地震等每年发生的全球气候灾害便能够从某一方面对其加以证明。因此,"抵抗"不如"顺应",设计师应当遵循自然的过程,顺应自然力。大自然才是最好的设计师,借助自然的力量不仅省"力"而且省"工"。

"因地制宜"早已成为园林设计界的共识,"因地制宜"贴合环境的特点,这里的"地"是实实在在的土地,代表设计所面对的场所及其中蕴含的自然及人文过程。较之于"形式",自然的过程与规律是内在的动因。与建筑不同,园林环境始终处于动态发展变化之中,"形式"只是阶段性的存在。由此,对规律的把握远比形式更加重要,当代园林规划与设计应重视场所变化与发展的趋势。由此可知,"Design with Nature(设计结合自然)"包含了设计与自然之间的种种复杂联系,如顺应、协同、耦合,最终达到设计与自然的融合。"因地制宜"的设计目标是实现园林环境的可持续发展。"因地制宜"不仅仅是对场所中固有形式的改造与模仿,更重要的是在顺应自然规律的基础上,解读规律、掌握规律,从场所中探寻设计生成的本质依据,耦合场所固有的发展机制,真正做到"Design with Nature"。

二、系统设计原则

园林规划与设计需要依据原生场所,生成满足多目标的、新的园林环境,即设计的人工系统与场所的原生系统之间的耦合,实现的途径为设计与场所的耦合。当代园林规划与设计所要做的工作是在满足自然系统存在及发展规律的基础之上,将人的需求嫁接、植入。对于以自然为主体的风景环境而言,形态是容易改变的,但其却不是系统本质性的特征,场所中的自然过程与规律不以人的意志为转移。因此,设计者应把握其本质,在研究园林系统自我发展过程与规律的基础上开展设计。作为一个相对开放的系统,园林系统中诸要素能够与外界发生交换,使得人工系统与原生系统的融合成为可能。针对特定场所的园林规划设计由各个设计要素构成,要素之间互相影响、互相调适、共同作用,生成最终的设计结果。

三、非线性与逻辑性原则

"思维"是在表象、概念的基础上,进行分析、综合、判断、推理等认知活动的过程,是人所特有的高级精神活动。设计是一个复杂的思维活动,包含了直觉思维、形象思维、逻辑思维和创造性思维等多种思维类型与思维领域。设计的过程是一个由意识支配的过程,设计思维影响、制约着创造活动的全过程。从东西方的思维方式上看,以中国为代表的东方思维习惯从整体、系统的角度去把握事物,从普遍联系中分析事物内在的规律性;西方思维重视个体性,善于从一个整体中把事物分离出来,严格按照概念、判断、推理的形式来反映事物的本质属性和内在规律。东西方思维方式的差异带来了东西方设计思维的不同:东方在设计中注重情感的诉求,专注于前人的设计经验和传统;西方注重科学性与功能性。

在园林设计中也有东西方不同思维的体现。中国造园师们在表现山水时,重视意境的传达,讲求"神似"而不求"形似",追求"写意"而不求"写实";而以劳伦斯·哈普林(Lawrence Halprin)为代表的西方园林师们则通过形态的抽象来模仿自然的山水,如哈普林设计的爱悦广场(Lovejoy Plaza),利用不规则台地模仿自然山体的等高线,以喷泉的水流轨迹象征加州席尔拉山(High Sierras)的山间溪流。

思维方式植根于历史的实践及科学发展的进程之中,并随着时代的推进而延伸发展。时代的发展对设计思维发展提出更高的要求,特定的时代区间存在着某种特定的思维方式。设计思维的科学化演进可以较有效地减少设计工作中的随意性和不确定性,增加设计结果的可判定性、可靠性与合理性。同时,在一定程度上增强设计工作的系统性、有序性,提高设计工作的效率和质量。园林规划与设计思维的发展同样顺应了思维的这一演进过程。

形象思维是人类思维史上最先形成的思维,具有主观性;逻辑思维将概念、判断、推理融为一体来处理抽象概念信息,达到得出科学判断和结论的目的,具有客观性。形象思维与逻辑思维的互补是现代思维方法发展的趋势。科学思维以逻辑思维为主,艺术思维以形象思维为主。园林兼具科学与艺术的特征,与之相应,园林的规划与设计思维也应包含逻辑思维与形象思维两个方面,将这两种思维融合成一种综合性思维。逻辑思维与形象思维在园林规划与设计中有着不可分割性,两者共同组成设计的思维系统。对于当代园林规划与设计而言,需要在感性分析的基础上结合理性的分析、归纳与综合的途径。

四、系统优化原则

"最优"即在园林设计过程中,为了满足一系列的要求而综合协调、相互妥协的最终产物。系统思维是人们在解决复杂系统问题过程中总结出来的现代科学思维方式,是一种立体化、多向化、动态化的思维方式。系统思维不是将设计对象看作独立个体,而是作为一个设计系统对待,综合考虑设计要素本身、设计要素之间以及周围环境之间的相互关系和内部规律。系统论强调将研究对象作为一个整体,而构成整体的各个部分之间协同作用,将各个部分的协同效能最大化,从而实现整体效益最优。优化功能是系统思维最显著的特点,能够进行系统优化,是设计系统的重要特征。

园林规划与设计具有复杂系统的特征,其一方面保留了自然素材的原初属性,并遵循自然演替规律;另一方面,园林空间又是依据人的诉求营造的空间环境,具有文化内涵,有着多目标的特点。在园林环境中协调不同的目标,使系统整体最优化,已成为现代园林规划与设计的基本原则。

园林作为一个复杂的系统,既要服从于自然规律,又要服务于人的诉求,更要追求形而上的境界。因此,园林规划与设计追求"真、善、美"三大基本价值。"真"代表着科学理性,反映人类对过去经验的"规律性"认识;"善"体现出人类的愿景与意志,具有"目的性";"美"则是理想的境界,具有"精神性"。

与美术学与建筑学相比,园林学更具复杂性与多元性。当代园林学,需要基于学科的自律性,变离散的群知识为系统体系,依据认知规律协调各部分之间的关联,以此来实现系统的最优化。作为系统的园林,通过诸要素的集成,将园林的自然属性和社会属性经由人为干预生成"新的系统"。系统最优化的目的在于维持园林环境的自我更新能力、持续发展能力,并通过设计满足高效、低能耗与多目标特征。

五、耦合与一体化原则

园林规划设计原则对应的设计过程为场所的分析,分析基础上生成的设计策略,以及策略运用于场所的动态反馈过程,并通过动态反馈的协调机制来实现设计目的。机制生成的核心对应于三个方面:一是通过耦合来实现要素与场所之间的协调;二是在人为干预下生成的园林系统具有最优化的基本特征,即综合最优;三是设计与原生环境相融合,具有自我完善与更新的能力,也就是成为可持续发展的一体化新系统。

在该原则指导下生成的设计策略与场所之间是耦合的,最终转化成的具体方法与手段同样与场所相耦合。

六、量化与参数化原则

人们对外部世界的认知和研判往往遵循先定性后定量的过程。定性研究通过发掘问题、理解事件现象进行相关的分析与解释。在定性研究中,研究者常运用历史回顾、文献分析、访问、观察等方法获得资料,并用非量化的手段对其进行分析,获得研究结论,强调意义、经验与描述。"定性"的方法常用于社会学研究领域,其优点在于表述全面,具有知觉性。定量研究的优势在于直观、理性。定量研究与定性研究相对,是科学研究的重要步骤和方法之一,通过数量将问题与现象进行表示,然后分析、考验、解释,从而获得意义。定性研究与定量研究立足于不同的着眼点:定性研究在于"质",定量研究在于"量";两者在研究中主要的方法也不同:"定性"研究运用逻辑推理、历史比较等方法,"定量"研究采用经验测量、统计分析和建立模型等方法;两者的表达形式不同:"定性"以文字性描述为主,"定量"主要通过数据、模式、图形等来表达。

园林规划设计既离不开定性研究,也离不开定量研究。过去园林学的研究往往以定性为主,通过经验与感觉描述事物,并形成判断。当代园林学研究工作的开展需要定性与定量研究方法的有机结合。"定量"能够用数值对研究对象加以展示,从而与定性方法形成互补。定性的价值在于控制总体方向,定量的价值在于控制过程,只有过程与方向有机结合,才能以合理的"投入",实现预期的目标,达到最优并且实现可持续发展。

量化能够将难以定量描述的对象转化为可比较的数值或区间,所以,园林规划与设计离不开量化方法。园林是由相互关联的、不断变化的要素组成的系统,具有动态性特征。这些要素在系统中扮演了不同的角色,在设计的不同阶段发挥不同的作用,权重也各不相同,其共同点是任一要素的改变均会引起系统的变化,进而影响设计的结果。由此可见,园林规划与设计天然拥有了参数化的特征。参数化体现了场所与设计之间的关联,是实现耦合的重要途径,其优势在于控制与调适。对于园林规划与设计而言,参数化从理论至实践层面均具有重要的意义。参数化不仅能用于设计的理论研究层面,探讨设计系统的内在关联及运作机制,还能够运用到实际设计过程之中,更为精准地控制设计过程与结果。

第三节　园林规划与设计方法

一、园林规划与设计方法概述

(一)注重园林绿化功能

不论是厂区绿化、校园环境绿化、公园绿化,还是街道绿化,绿化的主要功能都不同。所以应注重园林的绿化功能,针对不同的园林进行不同的绿化设计。

（二）提高园林绿化的艺术品位

高品位的园林绿化是一幅美丽的立体图画，不仅有点、线、面的合理运用，还有四季特色的变化，可谓巧夺天工，使人在园林中有融于大自然之感。

（三）体现历史文化内涵

将自然与历史文化紧密联系，是人造景观的重要设计方法之一。能否画龙点睛，使历史人文景观与周围环境或其他方面相互融合、协调一致，并符合人们的审美情操及心理需求，需经过充分论证才有说服力，才能被人们所接受。

（四）对各项绿化指标进行计算

各项绿化指标包括绿化覆盖率、人均绿地率、立体绿量、植物配置方式、保持水土的能力、能否有效地吸收有害气体及灰尘和是否符合生态效益等。只有对这些指标进行精准的计算，才能决定是选择单一的草坪还是乔灌木与林下草坪相结合，避免盲目追求草坪的现象，使草坪与树林相得益彰。

（五）进行树种选择论证

实践证明，以什么树作主体，配置什么树都有讲究。相关资料显示，用小叶黄杨作马尼拉草坪镶边，最后全被吃掉；用小叶女贞装饰草坪，甲壳虫大暴发难以根除；用红花酢浆草与樟树相互穿插，会加重红蜘蛛的危害。一种树比另一种生长快，最后另一种树被挤占，外来树种完全取代乡土树种等配置不当的现象随处可见。不同植物在一起种植要考虑相互间的生长速度、影响能力、阴阳性、病虫害的交叉性等。通常乡土树种生命力、适应性强，能有效地防止病虫害大暴发；常绿树与落叶树分隔，能有效地阻止病虫害的蔓延；林下植草比单一林地或草地更能有效利用光能及保持水土。

（六）估算园林绿化的建设成本及管理费用

不同设计方案的园林绿化，建设成本和维护管理费用不尽相同。很多本是比较好的规划设计，由于建设成本和建成后维护管理费用超过单位经济实力，只能低水平维护，最后导致观赏效果不理想，很多应有的功能丧失，出现很多问题，如草坪被杂草挤占、绿化带太多难以很好地修剪、蛀茎害虫难以防治等。很多中小城市的运动场也按高标准建植草坪，不管是建坪费用还是将来的维护费用都跟不上，最后达不到预期的高水平的要求。经验告诉我们，应当既发展一部分高档次、高管理要求的绿化景观，也积极探索大众化、低成本、低维护费的绿化方法，并不断推广，以得到较好的效果。所以在设计时，合理选用植物，估算其建设成本和管理费用的高低，有利于绿化单位更好地达到绿化效果。

二、现代城市园林规划与设计方法

（一）针对城市生态环境进行园林景观设计

现代城市园林规划与设计，旨在保护和改善城市生态环境，营造良好的经济、文化发展环境和人居环境，因此，城市园林的规划与设计必须针对生态环境进行。近几年，城市园林设计理念有了跨越性的发展，由以往的重视景观规划和建设发展到如今注重植物对城市生态环境的影响。以往由于人们没有认识到植物对城市生态环境的重要性，破坏城市环境的现象时有发生，而现代城市园林规划与设计都是建立在保护城市生态环境的基础上,结合园林的美观性与实用性进行建设的。

在城市园林规划与设计的过程中,选择城市绿化植物时,尽量选择该城市的原生植物或特有植物进行景观建设。选用原生植物的目的在于保护当地的生态平衡,避免引入的外来植物对本地植物造成不利影响,以促进城市生态环境的恢复与发展。选用特有植物,能在一定程度上为打造城市特有植物景观奠定基础,为城市综合文化建设创造条件。

(二)结合园林文化主题进行景观规划与设计

在我国城市园林规划与设计中,常围绕园林的一个主题,通过多种表现方式来规划设计。由于城市规划和历史变迁等原因,城市园林建设往往包括了原有场地改建和新建两种方式。原有场地改建的规划设计,园林的整体风格往往由原有建筑风格决定,园林规划与设计必须以原有建筑风格为基础。设计人员必须进行实地考察,了解当地原有建筑的历史与故事、分析原有建筑风格,为城市园林规划与设计提供参考依据。新建园林的规划设计,需要综合分析园林场地地形、城市气候环境、本地植物生长及形态特点,确定园林主题,以开展园林规划设计。

(三)以互动式园林景观为规划与设计方向

现代城市园林规划与设计中,"景"与"观"是大多园林景观规划设计的出发点与落脚点,但往往过于重视"景"的建设而忽略了景观与人的互动性。以互动式景观为基础的城市园林规划设计,通过互动方式为居民的休闲生活提供更丰富的娱乐活动空间,使忙碌的人们身心愉悦。相较于立体景观雕塑、植物雕塑等单一形式景观或局部景观,以"观"为主的现代城市园林规划与设计更加注重景观与游人的互动。

在现代城市园林规划与设计中,互动设计主要体现在以下两个方面:第一,水景的采用。现代园林景观中,越来越多的水景被应用于其中以提升园林整体景观效果,但利用水景来进行互动,其效果往往不甚理想。因此,应对水景的利用进行充分考虑。第二,依山而建的半空吊桥、依水而建的秋千式吊桥等。这些互动式景观的常见设计方法,使人们在观赏景致的同时也能够进行娱乐活动,兼顾园林景观的观赏性与娱乐性,对营造城市园林景观氛围和促进社会文化建设具有重要意义。

(四)利用立体绿化打造园林景观

受城市化进程加快、城市人口急剧增加、城市土地出现供应紧张的局面的影响,现代城市园林以中小型园林为主,如何使有限的园林面积容纳下更多的景观,成为很多园林设计人员思考的问题。立体绿化是在各类建筑物和构筑物的立面、屋顶、地下和上部空间进行多层次、多功能的绿化和美化,以改善局地气候和生态服务功能、拓展城市绿化空间、美化城市景观的生态建设活动。立体绿化能在增加园林绿化面积的同时,通过合理布局景观规划和设计,如充分利用园林景观中的墙体、灯柱、高架绿棚、栅栏、凉亭等建筑,打造独特的、观赏性强的立体绿化景观。从城市园林空间上看,适当利用立体结构,能给人以视觉上和心理上的空间的扩大,同时立体绿化景观还能吸附浮尘、净化空气,对改善城市环境质量具有重要意义。

第三章　相关技术在园林规划与设计中的应用

第一节　GIS 在园林规划与设计中的应用

一、GIS 概述

（一）GIS 概念

地理信息系统（Geographical Information System，GIS）起源于 20 世纪 60 年代，是一个不断发展的概念。罗杰·汤姆林森（Roger Tomlinson）最早提出 GIS 是分析、处理地理数据的系统。GIS 既是管理和分析空间数据的应用工程技术，又是跨越地球科学、信息科学和空间科学的应用基础学科。随着大众对 GIS 理解的加深，GIS 的内涵不断拓展，GIS 中的"S"衍生出四层含义：

• System（系统），指对地理数据进行处理的计算机系统，是从技术层面论述地理信息的系统，是地理数据存储、分析、评价、管理的系统。GIS 从技术层面尝试解决问题、给系统增加新功能或开发新系统，具有如下功能：定义一个问题；获取软件或硬件；采集与获取数据；建立数据库；实施分析；解释和展示结果。

• Science（科学），是广义的 GIS，又称地理信息科学，强调理论与技术的结合，主要研究 GIS 背后的理论和概念。

• Service（服务），随着遥感技术、互联网技术等的应用，GIS 已经从单纯的技术研究型向服务型转移，如导航 GIS 的诞生。GIS 已经成为大众生活服务中的一部分。

• Studies（研究），即 GIS 指"Geographic Information Studies"，主要研究地理信息技术引起的社会问题，如地理信息的经济学问题、法律问题、人口问题等。

综上所述，GIS 是收集、存储、管理、分析、评价和展示空间数据的系统，既是处理空间信息的科学技术和工具，又是解决空间问题的"资源"。

（二）GIS 的功能

GIS 是一个捕获、存储、分析、管理和呈现数据的数据参考地理位置的系统。简单地说，GIS 是将统计分析和数据库合并制图的技术。它可应用于考古学、地理学、制图学、遥感学、土地测量、公共事业管理、自然资源管理、精准农业、摄影测量、城市规划、应急管理、环境污染监测、园林规划设计、导航、空中视频和本地化搜索引擎等方面。

一个地理信息系统可以被看作一个以数字创建和"操纵"的空间系统，主导于可管辖的地区，应用有关特定的地理信息系统开发。因此，地理信息系统描述的是任何信息系统集成、存储、编辑、分析、共享和显示地理信息通报决策。地理信息系统应用工具，允许用户创建搜索和互动查询，应用于用户创建、分析空间信息，编辑数据、地图等。

二、GIS 在园林规划方面的应用

中国园林学与西方园林学的形成和发展历史存在许多不同之处,而 GIS 又起源于西方国家,因此,当探讨 GIS 技术在中国园林学中的应用和发展时,不能与中国园林的历史和发展相脱离,否则就会产生新技术在中国"水土不服"的现象。目前,GIS 在中国园林行业的发展还处于初级阶段,存在许多问题,因此,探讨 GIS 在中国园林规划领域的应用和发展具有深远的意义。

GIS 在园林规划方面的应用主要体现在对地形地貌的分析中。GIS 对现状地形的分析主要包括高程、坡度、坡向、阴影分析以及三维地形模拟等。现状地形地貌分析是设计师进行规划设计的基础。

(一)高程、坡度、坡向、阴影分析

山地、丘陵地区等地势起伏较大的场地,其用地适宜性评价常需要重点考虑高程、坡度、坡向、阴影等因素,根据数字高程模型(DEM),可以对上述因素进行一般性的分析。坡度越小,用地适宜性就越好。坡向对降雨、光照以及土壤等有影响,北半球的南向坡和良好的日照对植物配置、休闲游乐场所的选址、观景方向、建筑选址等都有重要意义。

常用方法是以带有高程属性的 CAD 点、线地形图为基础,在 ArcGIS 软件里通过 ArcTOOLBOX 工具,将 DWG 格式转换为 SHP 格式,然后通过 3D 分析工具创建不规则三角网(TIN),提取出点、线空间属性数据,再通过 TIN 转栅格工具,将 TIN 转换成栅格格式,最后利用栅格表面工具生成高程、坡度、坡向、阴影等分析图。

对现状地形的分析研究能有效地指导规划设计的进行,增加规划设计的合理性和科学性,同时基础数据的叠加也丰富了图面的表达效果,更直观、方便地将设计意图展现在设计师和出资方面前。高程、坡度、坡向分析的不足之处在于对现状建筑物、构筑物以及植被的信息采集不足或者受季相变化影响较大,导致分析较粗糙,分析结果偏差较大,行业从业者应尽可能充分地采集相关数据进行分析,使分析结果趋于合理。

(二)三维地形模拟

三维 GIS 主要用于模拟地形、建筑、园林景观等,近几年的研究成果主要表现在三维模型的创建上。三维模型的构建需要根据带高程属性的点、线、面来实现,再导入道路、建筑、水体等元素,建立二维半立体模型。可将其他软件如 SketchUp、Rhino、3ds Max 等建立的复杂三维模型导入场景中,并添加树木、建筑等创建真三维模型。还可以制作三维路径动画,全方位地鸟瞰地形地貌。将 ArcGlobe 与 3ds Max 相结合,利用航拍图像、CAD 地形图等,采集建筑物属性,建立城市三维模型,实现创建和管理三维数据。

CityEngine 软件的应用是构建三维景观的新趋势。它可以利用已有的 GIS 基础数据,不需要转换即可迅速实现三维建模功能,还可提供可视化的、交互的对象属性参数修改面板进行规则参数值的调整,如贴图风格、房屋高度等,并且可以实现调整后的效果的即时可视性。

具体操作方法:在 CityEngine 中用包含尺寸和类型信息的多边形表示建筑底面,再用建筑高度属性将多边形拉伸,形成三维模型。如果需要填充窗户、阳台等组件,可以使用模型规则重新构建建筑以满足要求。充分利用现场采集到的以及在各个部门搜集到的属性数据,如建筑轮廓、建筑立面形式、窗口类型及位置、屋顶的形式、层数及层高、运用的材料等信息,创建高质量的三维模型。由 GIS 数据驱动生成的并且通过工作流的形式构建的三维建筑物集成对象,能够提供的信息越多,计算机软件创建的三维模型就越复杂、越逼真。

此外,利用 CityEngine 建模时,还可以纳入地形地貌等因素,使建筑物、道路等模型融入地形变化中,增加模型的真实性。CityEngine 支持多数三维格式,如 3DS、DXF 等,从而实现与其他三维软件的互通,增强展示效果,提高工作效率。

CityEngine 最新锐之处在于它可以基于规则进行批量建模,将 CGA 规则文件直接拖到需要建模的地块,软件就可以根据规则将所有的宗地建筑物模型批量建好。例如,在重庆某区域的三维城市模型建设过程中,设计者通过编写建筑物模型、道路模型等规则文件,在 CityEngine 中实现了大场景的三维城市批量建模工作,在建模成果满足项目设计的要求的前提下,使建设周期比传统手工建模缩短了约 30%。因此,CityEngine 是迈向精准数字规划设计的重要开发成果。虽然 CityEngine 对大场景及建筑、道路的表达较逼真,但还是存在一些不足之处,如对植物等有生命的信息元素的表达效果较粗糙、在小尺度的景观设计中表达效果不佳等。

三、GIS 在园林规划与设计中的应用前景

(一)GIS 协助完善图纸表达

基于 GIS 的园林设计项目具有无与伦比的图纸表达潜力。它能够在短时间内表达类似于谷歌地图(Google Maps)的 GIS 产品,这是其他绘图软件所不能达到的。绘图表达是园林师必备的一项专业本领,传统的手绘和 AutoCAD 软件都没有处理数据和信息并绘成图纸的能力。GIS 软件的制图功能使整个设计过程变得更具有说服力。

(二)GIS 与环境敏感区设计

对于传统的园林,建筑和规划在白纸和空的电脑屏幕上进行设计。而基于 GIS 的园林设计将应对所有复杂的环境,因为数据库中有基址的资料,这将有助于环境敏感区设计。环境敏感区是指依法设立的各级各类自然文化保护地,以及对建设项目的某类污染因子或生态影响因子特别敏感的区域。环境敏感区设计的方案是在土地规划、区域规划和环境评价的基础之上得出的,这一系列的现有环境特点关系到最终规划决定的产生。

GIS 可以协助检验影响项目发展的自然、社会和美学方面的环境背景,提供协调环境评价和土地规划使用的系统数据。如果在园林设计之初使用 GIS 来评价现有环境和区域特征,设计师就不必将西方设计"符号语言"生搬硬套在园林土地上,同时可以将园林设计得更加能够满足当地人的需要。当一个城市没有根据其环境背景而进行给予环境敏感的规划设计时,城市将失去其场所精神,以及应有的文化和艺术内

涵。如果 GIS 在未来可以将城市的环境背景以数据的形式存储,以绘图的形式表达,将非常有助于园林设计师实现环境敏感区设计,做出符合场所精神的作品。

（三）GIS 与可持续园林设计

GIS 可以实现园林设计中可持续特征的计算。例如,GIS 能够算出一个设计项目中城市可持续排水系统的特征与场地现有排水系统的相互作用。城市可持续排水系统将通过 GIS 来定位,因此,园林师在进行设计时,可以通过 GIS 处理数据,确定排水系统的位置,以设计出切实可用的排水系统。

（四）GIS 与生物多样性规划

目前,英国国家自然博物馆植物与动物数据库可以免费提供本地植物和动物在线查询服务,目的是鼓励园林设计师和园艺植物工作者使用地区本土树种和花卉。在英国,只需在国家自然博物馆的官方网站上输入所设计场地的邮政编码,就能得到这一地区从古至今的本土植物和野生动物列表和详细介绍。这是将 GIS 和园林植物分布信息结合的一个很好的案例。这一功能将为园林师进行园林设计时选择植物种类带来许多便利条件。如果未来中国的 GIS 可以完成植物分布数据信息的绘制,那么在园林师设计方案进行植物配置时就可以轻松而精确地选择本土树种,以保证植物健康生长,避免错误选择,或者把本不属于场地的物种安置在园林作品中。

第二节　VR 技术在园林规划与设计中的应用

一、VR 技术概述

（一）VR 技术

1. VR 技术的概念

虚拟现实（Virtual Reality,VR）的概念是 1989 年美国 VPL Research 公司创始人杰伦·拉尼尔（Jaron Lanier）提出的,它是一种计算机领域的新技术。这种技术的特点在于以计算机模拟的方式为用户创造一种虚拟的环境,通过视、听、触等感知行为使得用户产生一种沉浸于虚拟环境中的感觉,并能与虚拟环境相互作用,从而引起虚拟环境的实时变化。

虚拟现实是一种可以创建和体验虚拟世界（Virtual World）的技术。虚拟世界是全体虚拟环境（Virtual Environment）或给定仿真对象的全体。虚拟环境是由计算机生成的,通过视、听、触等感知行为作用于用户,使其产生身临其境的感觉的交互式视景仿真。

虚拟现实技术是一系列高新技术的汇集,这些技术包括计算机图形技术、计算机仿真技术、多媒体技术、传感技术、人工接口技术、实时计算技术等多项关键技术。虚拟现实技术突破了人机之间信息交互作用的单纯数字化方式,创造了身临其境的人机和谐的信息环境。

2. 虚拟现实系统

用虚拟现实技术开发的各种应用程序及其运行的硬件称为虚拟现实系统。虚拟现实系统的三个基本特征包括:沉浸(Immersion)、交互(Interation)和构想(Imagination)。

(二)VR 技术的实现方法

VR 技术的实现方法主要有以下三大类:第一类,通过直接编程实现,如 VRML、C++、Delphi 等;第二类,基于 OpenGL 图形库编写程序建模,同时添加实时性和交互性功能模块实现;第三类,直接通过建模软件和虚拟现实软件共同实现,如 Maya、Virtools、Cult3D、ViewPoint、Pulse3D、Atmosphere、Shockwave3D、Blaxxun3D、Shout3D 等,这类方法当前是主流。

(三)VR 技术实现方法的应用分析评价

VR 技术实现方法的应用分析评价分为两个步骤:其一,确定虚拟现实应用的准则和评价指标;其二,选出进行评价的虚拟实现方法。

评价准则和技术评价指标的确定方法如下。

1. 从 VR 特性对园林的影响确定评价准则和技术评价指标

是否具备交互性是园林虚拟现实场景和园林三维漫游动画的主要区别之一,交互性对园林规划与设计创作意义重大。交互性的技术基础是"实时渲染",实时渲染速度和渲染场景的准确性是决定虚拟现实场景是否具有实用价值最重要的因素,实时快速、准确地表达设计师的意图以及营造场景的氛围是决定园林规划与设计成果的关键。故将交互度作为评价准则是合理的,同时可以将快速、准确作为交互度准则下的评价指标。

园林虚拟场景的沉浸性建立在交互性基础上,同时要求有更高的视觉质量、声学质量和光学质量。在模拟园林要素方面,从视觉质量上来说,所生成园林要素的逼真效果是最重要的。因此,实时渲染虚拟现实图像要具有较高的胶片解析度。图像中园林要素的精度过低,即使交互性再好也没用。从声学质量上来说,在虚拟现实场景中,物体应具有较真实的声学属性,不同的事件具有相应的伴音(如水声、风声等),为用户在虚拟现实场景中的浸入增强真实性。从光学质量上看,虚拟现实系统通过全局照明模型来反映复杂的内部结构。在虚拟现实场景中,园林要素的光学表现不是单调不变的,它与所选时段的太阳位置、景物的朝向、园林建筑玻璃幕墙的状况、建筑内部光源的位置设置、运动状态等各种复杂因素密切相关。故将真实度作为评价准则,视觉质量、声学质量和光学质量作为其中的评价指标。

要提高沉浸性,除了保证交互度和真实度之外,还要保证模拟园林要素的类型(如植物、建筑、喷泉等)的丰富完备。另外,要保证园林要素的物理表达情况和运动属性,如植物生长特性、枝干的力学特性等;园林景观生命周期的实现能力,如模拟植物群落的生命周期性和"断桥残雪"等景观的生命周期性等;园林要素的运动属性,如建筑内部门窗的开关、喷泉的开启等。还要保证"人"的运动属性,可以按照人的不同群体(如老年人、儿童和残疾人)或按不同游览方式(如步行、乘坐交通工具)来进行运动。故将上述要保证的内容总结为功能度准则,将模拟园林要素的类型、模拟园林要素的物理状况和模拟"人"的运动属性状况作为功能度准则下的评价指标。

2.从计算机辅助园林设计的发展现状确立评价准则和评价指标

计算机辅助园林设计的发展经历了 CAD 辅助园林设计、PS 等图片处理软件和 3ds Max 等建模软件辅助园林设计、"3S"辅助园林规划与设计的历程。

年轻一代的园林师,已经基本掌握了上述计算机软件工具。事实证明,在此基础上,以 3ds Max 建模为基础的虚拟现实方法,对园林师来说更容易掌握。另外,各种 VR 技术软件插件的开放程度(指软件后续开发的能力和利用其他软件资源的能力)是不同的。有些方法可支持多种格式的输出,输出的文件可在其他操作环境中无损地打开,加上软件或插件的更新换代日益加快,故具有开放的接口、实时的更新能力也是软件所必需的评价指标。

每种 VR 技术拥有的制成模型的丰度和制作虚拟现实场景的快慢速度有所不同。使用度处于评价准则层次,而每种方法的掌握难易程度、开放程度和制作虚拟现实场景的快慢是其评价指标。

VR 技术应用于园林规划与设计领域已日趋成熟,VR 技术和 GIS 相结合共同辅助规划与设计已经成为园林设计的一个方向。在互联网迅速发展的今天,VR 技术和互联网技术相结合,在用于规划设计的公众参与和联机操作中显得尤为重要。故将 VR 技术与 GIS 及国际互联网的扩展情况作为一个评价准则——扩展度。

二、VR 技术对园林规划与设计的影响

(一)VR 技术表现手法和传统表现手法的区别

传统的园林规划与设计表现方法有效果图、鸟瞰图、园林模型、漫游动画等。具备交互性和沉浸性的虚拟现实场景和传统表现方法的区别如下:

1.VR 技术与 CAD 的区别

VR 技术和 CAD 相比,在视觉建模中还包括运动建模、物理建模以及 CAD 不可替代的听觉建模。因此,VR 技术比 CAD 建模更加真实,沉浸性更强;而 CAD 系统很难具备沉浸性,人们只能从外部去观察建模结果。基于现场的虚拟现实建模有广泛的应用前景,尤其适用于那些难以用 CAD 方法建立真实感模型的自然环境。

2.VR 技术与传统模型的区别

观看传统模型就像在飞机上看地面的园林一样,无法给人正常视角的感受。由于传统模型经过大比例缩小,因此只能获得鸟瞰形象,人们无法以正常人的视角来感受园林空间,无法获得在未来园林中的真实感受。同时,比较细致真实的模型做完后,一般只剩下展示功能,利用它来推敲、修改方案往往是不现实的。因此,设计师必须靠自己的空间想象力和设计原则进行工作,这是采用传统模型方法的局限性。VR 系统以全比例模型为描绘对象,观察者获得的是与正常物理世界相同的感受。

3.VR 技术与三维动画的区别

VR 技术与三维动画在表面上都具有动态的表现效果,但究其根本,二者仍然存在以下两个方面的本质区别:

第一,VR 技术支持实时渲染,从而具备交互性;三维动画是已经渲染好的作品,不支持实时渲染,不能在漫游路线中实时变换观察角度。

第二,在VR场景中,观察者可以实时感受到场景的变化,并可修改场景,从而更加有益于方案的创作和优化;而动画改动时需要重新生成,耗时、耗力、成本高。

(二)VR技术特性对园林规划与设计创作的影响

VR技术对园林的规划与设计具有重要的影响,这主要是基于VR技术的特性实现的。VR技术的主要特性如下:

VR技术可以让人在运动中感受园林空间,进行多种运动方式模拟,从特定角度观察园林作品;特别是根据人的头部运动特征和人眼的成像特征可进行步行、乘坐交通工具等逼真的漫游方式,以"真人"视角漫游其中,随意观察人眼能够观察到的任意角落。这种表现方式比三维漫游动画令人感觉更加自由、真实。

通过"真人"视角漫游,可使沉浸其中的"游人"更好地感受园林空间的"起承转合"和园林的"意境"氛围,这对于VR技术在园林规划与设计中的表现具有很大的意义。园林设计师可结合园林基址借景要素、人在园路上的动态特性和VR本身所具有的最优漫游路径的实现方法,通过VR技术创作出较合适的园林路径,使在虚拟园林基址环境、半建成环境和建成环境中漫游成为可能。在这样的漫游过程中,人们沿着路径前行,就可以得到"亲临现场"的效果。在"现场"中,园林设计师可以直接应用安全性原则、交往便利性原则、快捷和舒适性原则、层次性原则、生态性原则、美学原则等诸多园林设计理念进行推敲、漫游、辅助设计的修改,从而实现对规划与设计的优化。

VR技术可以和地理信息系统相结合,对地理信息系统辅助园林规划进行进一步改进。同时,通过地理信息系统的地图可以清晰地得知"游人"在园林中的具体位置。

VR技术可以应用于网络,跨越时间和空间的障碍,在互联网上实现园林规划与设计的公众参与和联合作图。

VR技术还可以用于园林专业的教学、公共绿地的防灾、园林时效性的动态演示和园林的综合信息集成等。

三、VR技术在园林规划与设计中的应用

(一)VR技术在园林规划与设计创作阶段中的应用

VR技术能够从"'真人'视角漫游"的视角沉浸到基址和临时建设好的园林场景中,能够对自然要素(如地形、光和风)进行充分模拟,能与GIS完美结合,这是VR技术辅助园林规划与设计的优势,是单纯的"二维"创作规划与设计很难做到的。VR技术的优势具体表现如下:

第一,根据设计任务书、地形图和比较明确的限定条件,利用已有的电子地图与虚拟城市地块模拟系统,建立虚拟基地环境。

第二,使用VR技术和GIS对基地的自然条件进行模拟,分析基地范围内的道路、树木、河流等要素的情况,对基地坡度和地形走势进行多角度、多方位的观察研究,以便清楚地知道基地作不同用途的限制条件。

第三,通过环境中的日照和风向的虚拟研究,为绿地空间营造分区提供依据。

　　确定环境与基地限定下几种较理想的园林形态,在其基地环境中漫游,进行多方案比较,是园林设计师在方案构思初始阶段可采用的方法。具体实施步骤如下:

　　第一,根据场地状况及现有景观和"'真人'视角漫游"的特点,辅助确定园林路径。

　　第二,根据确定的园林路径和实际视觉的特点,进行"主题漫游",把握空间性质,创造富有韵律的景观空间。

　　在实施过程中,园林设计师需要注意以下几个方面。

　　1. 根据场地借景要素辅助确定园林路径的注意事项

　　根据场地的景观现状,通过实际"'真人'视角漫游",寻找达到良好的"因借"效果的路径。园林路径景观的借景要素可分为地形、地貌、水体等几个方面。

　　(1)依地形、地貌的因借原则辅助确定园林路径

　　根据"'真人'视角漫游"推敲出具备三性的园林路径,这三性具体如下:一是延展性。山地道路景观有更多的视觉想象空间,富于延展性和流动性。二是眺望性。地形的高度差使得道路景观有更多的眺望点,同时能够获得比平地更为开阔的视野。三是可视性。由于地形的变化,山地的道路景观可视率变大,视觉景观更佳。

　　(2)依水体的因循原则辅助确定园林路径

　　在寻找路径时,应用"'真人'视角漫游",可以对园林路径准确把握,同时要注意考虑水面的反射效果,包括建筑、天空、植物、人流等,均会成为水面反射的内容。在园路细部推敲上,注意模拟人能触及的水景部分,比如高度、深度、平面比例等,能否予人以亲切感、舒适感;堤岸、桥、水榭、山石等环境要素的整体配合,能否达到预期的衬托效果,这样可以更好地处理园路的边缘空间。

　　2. 根据人的动态特性确定园林道路的注意事项

　　作为主体的人会以各种方式(漫步、骑自行车和乘坐交通工具)不断地沿线形方向变换自己的视点,这决定了"'真人'视角漫游"的状况,从而决定了园路的情况。

　　园林中的道路按活动主体分,主要有人车混杂型道路和步行道路两种类型。不同类型的道路因使用方式和使用对象的差异,在景观设计的侧重与手法的运用上各不相同。人车混杂型道路可分为以交通性为主的道路与以休闲性为主的道路。

　　(1)以交通性为主的道路

　　这种道路一般担负着园林各个功能区之间的人流、物流的运输任务,其交通流量大,通常路幅较宽。其景观特性包括安全性、可识别性、可观赏性、适合性、可管理性等。

　　在道路形式的设计上,首先要考虑其安全性,将机动车与自行车隔离。由于需考虑通行速度,道路多采用直线,在线型上不宜产生特色。其设计主要在于通过对道路空间、尺度的把握,推敲景物高度与道路宽度的比例,提升其形象。

　　景观形式的设计需要考虑车、人的双重尺度。对于机动车来说,强调景观外轮廓线的阴影效果和色彩的可识别性;而对于自行车和步行的人来说,由于其速度较慢,对景观的观察时间较长,与景观的交流频繁,景观底层立面的质感、细部处理要精心设计。

　　(2)以休闲性为主的道路

　　这种道路车种复杂、车行速度慢,人流较多,所以,景观设计除强调多样性与复杂

性外,还应增加可读性(美的景观环境令人产生联想,得到固定人群的认同)与公平性(为游人提供各式各样的使用功能,包括无障碍设施等)。

园林游憩性道路以休闲生活为主,场所感较强。在空间形式的设计上,首先要满足活动内容的需要,并根据道路的功能特点,考虑道路空间的变化,如沿路附属空间的导入,采用对景、借景等手法来丰富空间景观。

步行道路的出现给园林带来了很多生机,其景观特性包括安全性、方便性、舒适性、可识别性、可适应性、可观赏性、公平性、可读性、可管理性等。其景观设计除考虑上述几种特性之外,还应强调个性化、人性化、趣味性和亲切性,充分注重自然环境、历史文化、人与环境各方面的要求。

3. 虚拟真实漫游系统中最优路径漫游的实现

(1)视点动画交互技术

为了让访问者能在虚拟真实漫游系统中实现最优路径漫游,首先涉及视点动画交互技术,一般采用两种方法来实现。一种是线性插值法,即利用 VRML 的插值器创建一条有导游漫游的游览路线,通过单击路标或按钮,使用户在预定义好的路径上漫游世界;另一种是视点实时跟踪法,即视点跟随用户的行为(如鼠标的位置)而产生动画效果。

(2)最优路径漫游的实现

分析最优路径时一般要考虑以下几个综合因素:

第一,道路的实时状态。即某条路因外界原因不能通行时,应不考虑此条道路。

第二,确定最优路径形式。"距离"最优路径,即地理距离最优;"时间"最优路径,即耗时最少;"时间和距离"最优路径,即时间和距离综合最优。

(二)VR 技术在园林规划与设计公众参与中的应用

1. 公众参与的应用范围

园林设计讲求"以人为本"的设计理念,所以设计一定要有公众的参与,这样设计才会更完善、合理、科学、客观。实践证明,再好的设计师仅凭自己的力量也很难设计出好的作品。推行公众参与性设计的主要目的就是赋予同建设项目相关人士以更多的参与权和决策权,即让这些人参与到建设的全过程中来,并在其中起到一定的作用。这样既能避免设计师陷入形式的自我陶醉之中,又能增强公众的参与意识,促进城市景观的建设与维护,增加"公众"与"设计者"之间的沟通、合作,进而推动园林事业蓬勃发展。基于我国公众参与园林规划与设计的现状,VR 技术可以逐步应用于公众参与中。根据我国园林规划与设计体系的特点,目前,VR 技术可以应用于确定发展目标阶段和设计方案优选阶段。

2. 公众意向的广泛征求

在西方园林规划与设计工作的程序中,有一个园林价值评估和园林发展目标确定的阶段。在这个阶段中,市民是最主要的参与者,市民的意向也是决策的主要依据。因此,园林设计师们设计了多种公众参与的方法,来促进这一阶段市民的民主参与。目前,公众参与技术的应用研究也主要在这个阶段开展。在我国,问卷调查、座谈会等公众参与形式大致属于这一阶段,但这些方法层次较低,效果也不明显。VR

技术的引入大大改善了这一状况。因为要让公众对园林的发展目标提出有价值的意见,首先要让他们对园林的现状有足够的了解。而以 VRML 为核心的 VR 技术就是一种很好的工具,可以让公众有兴趣也有机会接触到大量复杂的园林空间信息,公众通过对信息的分析,能深入地理解园林各个方面的状况。

在这一阶段,该技术的应用可以借鉴技术支持模式,根据这一模式,第三方(在我国主要为各设计院所)所担当的角色很重要。他们需要设计适当的园林 VRML 场景和建立相关数据库系统,并通过这一系统与公众广泛交流,从而得到有价值的公众意见。委托方(政府或企业)的任务是协助设计方收集基础数据、组织公众参与活动以及根据公众意向作出决策。而公众一方则不必学习任何计算机专业知识,只需要在理解该系统所表达的涉及公众参与中的应用内容和与设计者充分交流的基础上,提出自己的意见和建议,参与决策。

3. 公示制度的实施

设计公示是我国公众参与的一个重要组成部分,在某些城市(如深圳)已经被确立为一项制度。这一点可看作园林规划与设计民主化进程的一大进展。向公众展示的主要是最终的设计成果,这种参与的层次是较低的。选择更有效的交流方式与工具,将自己的设计方案展示给公众让公众辅助决策设计方案,已成为园林设计师努力的方向。传统的设计图纸和文字说明专业性较强,而虚拟现实方法作为一种可视化方法能够促进设计的"非神秘化"。

4. 公众参与的实现方法

在国际互联网上实现园林规划与设计的公众参与,需进行以下步骤:

第一,虚拟现实场景的创建。

第二,建立意见输入 ASP 页面、显示结果 ASP 页面和过渡与管理 ASP 页面,并通过 Script 脚本将页面控件和数据库连接起来。

第三,将虚拟现实场景整合输入 ASP 页面。

第四,在国际互联网上发布。

5. 公众参与网页的发布

网页通过服务器主机提供浏览服务,目前,服务器主机有"主机"和"虚拟主机"两种方式,通过文件传输协议(FTP)将"公众参与网页"上传到自己从虚拟主机服务商手中申请的虚拟主机上。

利用 VR 技术中的 VRML 语言将园林空间引入互联网,通过和谐的人机交互环境,让最大范围的公众在开放环境中进行交互性和沉浸性体验,使之能够较为迅速地理解设计师的意图,并通过个体经验差异,对同一方案进行不同目的、不同重点的查看,最终将信息反馈给设计师,从而使其作品最大限度地满足公众的需求。

(三)VR 技术在园林规划与设计教学中的应用

1. 在园林设计课程教学中的应用

根据人的头部运动特征和人眼的成像特征,模拟进入园林基址的全过程,"带领"学生进行"现场分析",再应用园林设计的理念进行设计,同时增强学生对平面图的认识。总之,通过 VR 技术,园林设计教学正在向立体化、数字化、精确化方向改进。

2. 在园林建筑课程教学中的应用

和园林设计相同,通过 VR 技术,学生可以进入设计场所,根据任务书完成各个功能空间的设计,同时切实感受空间的内容。从建筑空间类型讲,静态空间与动态空间是指空间的形状有无流动的倾向。园林中呈水平空间的平台、开阔的草坪、水面都具有静态空间的特征。长廊、夹道、爬山廊、曲径都具有动态空间的特征。可以通过虚拟现实场景对不同的空间进行对比,理解空间给人的感受。

同时,学生可以根据 VR 技术的触发功能,观看建设园林建筑的全过程。另外,可以进行物理学建模,通过钢筋混凝土受力形变仿真,对钢筋混凝土结构有更深的了解。

3. 在园林工程课程教学中的应用

(1)竖向设计

利用虚拟现实场景进行地形的分析与设计的教学,更具有直观性,如方案中地形的变化可通过模型对比直观地表现。还可通过相应软件的辅助使用如 GIS,演示地形挖方或填方前后的变化,如在挖方或填方的位置,计算出挖填方体积的平衡情况,可用于土方平衡设计和土方平衡教学。

(2)喷泉设计

运用三维喷泉模型可以模拟喷泉的不同水姿的组合及其效果,同时配合灯光可以得到夜景效果,从而更有效地表达设计意图。同时,对三维的管线布局的漫游,也能更直观地展示典型喷泉管线的基本构成,方便教学讲解。

4. 在园林史课程教学中的应用

对历史上存在而现实中消失的园林,如独乐园、影园等,进行虚拟现实模拟和漫游,使学生对古典园林有更直观、更深刻的认识。

5. 在景观生态学课程教学中的应用

VR 技术可以直观、方便、准确地模拟生态环境的发展趋势,可以模拟若干年后植物群落的生长状况,从而使学生对景观生态学的理论有更深层次的理解。

6. 在"3S"课程教学中的应用

"3S"技术是地理信息系统(GIS)、遥感技术(RS)和全球定位系统(GPS)三种技术的总称,是园林从业者学习的重要内容之一。利用 GIS 的数字地形模型(Digital Terrain Model)可以进行地表的三维模拟与显示,并能进行不同视点(或景点)的可视性分析,为景点的选址和最佳游览路线的选择提供视觉分析依据。例如,在结合水库设计的风景区规划中,对于因水坝的拦截造成的对上游山地、村庄、农田、森林的淹没情况,可以很方便地用 GIS 结合 CAD 技术进行景观预测与评价,并可以进行水位升降的动态模拟及水库面积和储水量的计算,为下一步的居民搬迁、景点选址、道路选址、水面活动的组织等提供科学、直观的依据。

第三节　计算机辅助设计在园林规划与设计中的应用

一、计算机辅助设计的发展

（一）计算机辅助设计

传统的设计方法经过历史的沉淀不断积累、完善而成为一个经典的系统。进入设计领域必然从最基础的设计方法论、专业设计理论以及艺术修养等方面逐步开始设计创作。一个被认可的正确学习设计方法的过程，虽然也会涉及计算机辅助设计课程，但是往往没有与基本的设计课程一样，成为设计中重要的一环，忽视了其在改变设计方法上的潜力。

计算机辅助设计被忽视的一个重要原因是人们容易将辅助设计与辅助制图相混淆，辅助制图仅是辅助设计中的一个方面；另外一个被忽视的原因是计算机硬件与软件发展的影响。在 21 世纪初，计算机硬件与软件才得以迅猛发展，尤其是编程语言更加完善与成熟。计算机辅助设计一直被强调为一个辅助的过程，然而时至今日编程不仅是给机器写代码，更是为各类问题寻找解决方案，更深层次地影响着设计领域。

由于计算机辅助设计发展逐步完善，辅助设计的领域也逐渐扩大，从制图到分析、方案形式的衍化，更多智能化的处理方法在逐步形成。有人基于目前计算机辅助设计发展的情况，对目前的计算机辅助设计的方法加以梳理，提出了一种创造性的思维方法——基于编程的逻辑构建过程（一种基于编程语言构建设计逻辑、发展新设计方法的过程）。基于编程的逻辑构建过程的设计研究使用节点可视化编程语言 Grasshopper 以及纯粹编程语言 Python，并将研究过程置于更广泛的计算机辅助设计领域。

（二）计算机辅助设计与园林专业

园林专业计算机辅助设计课程的设置，通常借鉴了建筑学科相关的设置。计算机辅助设计为设计行业带来的巨大推动作用是不可否认的，但是对这些推动的描述往往是"提高了绘图效率和精度""从 AutoCAD 的二维制图向业界已经普遍使用的 SketchUp 三维平台转换，跨进三维推敲方案的时期"等，然而这些只是计算机辅助设计领域的一部分内容，它还包括建筑信息模型（Build Information Modeling，BIM）、生态辅助设计（ECO-aided Design）、参数化设计（Parametric Design）等领域。

园林与建筑、城市规划乃至环境、计算机、生态、经济、法律、艺术等学科长期相互交流使得园林规划与设计涉及的范围小到花园，大到城市广场、公园、城市开放空间系统甚至土地的利用与开发、自然资源的保护等一系列重要项目的设计与研究，这些对园林规划设计在寻求计算机辅助设计上提出了不同的要求。

目前计算机辅助设计软件平台本身的发展已经日渐成熟，但是每个软件平台所针对的问题领域各有不同。例如，用于计算机流体力学和传热学的软件 Phoenics 可以广泛应用于航空航天、化工、船舶水利、冶金、环境等领域；而 Rhinoceros 最初是辅助工业设计软件。针对园林专业本身的计算机软件平台目前是不存在的,是否开发这样一个综合性的平台也有待商榷。对于园林规划设计而言,实际上最直接的解决策略就是如何综合运用目前已经发展成熟、针对不同领域的计算机软件平台来辅助园林规划设计。

二、计算机辅助设计的策略

(一)模型构建与园林规划设计

基于 AutoCAD 的平面制图、SketchUp 的三维推敲,3ds Max 及建筑可视化软件 Lumion 的后期表现构成了被误读的园林"计算机辅助设计体系",其实,更应该称之为计算机辅助制图。

设计软件的革命性正在影响着规划设计的方式,也在改变着设计师对计算机辅助设计的认识。软件在将更多的主动权转移到设计师的手中。例如,SketchUp 只关心纯粹模型构建的技术,尽量少的操作方式使设计师能够尽快掌握软件的操作,而将更多的精力和时间用在方案设计模型推敲构建上。Rhinoceros+Grasshopper+Python 的参数化设计平台使用节点式的操作方式,结合 Python 的程序脚本语言,使设计师有能力改善软件的环境,可以以可视化的编程方式和脚本语言方式发展设计和构建模型,触及更多的设计形态和模拟分析的领域。这是两种不同的计算机辅助设计的思路。

目前,在浮躁喧嚣的设计环境下,SketchUp 自然成为设计师的首选。另外,过度强调参数化的运算生成设计、分形学、多代理模型理论、自组织网络系统的概念和方法,将本来务实的参数化设计上升为近乎于故弄玄虚、高不可攀的境地,这让本来朴实的计算机辅助设计工具演变得相当浮夸,给初识参数化设计的设计师造成误会。使用参数协助设计、构建模型的核心是理解数据信息化,模型构建的实质就是对数据的处理,这一方面与 GIS 是相通的。例如将 GIS 中分析获得的地形坡度数据调入 Rhinoceros+Grasshopper 的平台下,以便根据坡度信息更加方便地进一步规划和设计。

模型构建的参数化方法与传统的设计模式是不可割裂的,但是较之又有所差异,其在设计的本质上就发生了改变。因此进入参数化设计领域工作需要面临两个方面的问题:一个是使用参数化方法从事设计工作必须首先掌握参数化基本技术层面的操作;二是设计本身思维方式的转变,由传统直观的模型推敲方式转变为使用参数化从数据管理角度协助设计的方法。模型构建方式的转变已经不是纯粹几何形体构建方式的改变,这个过程影响到了设计思维的方法,因此在某种程度上,参数化设计已经不是一门技术的问题,更应该将其看作一门学科。

(二)生态辅助设计技术与园林规划设计

可持续发展已经成为国际社会的共识。环境生态问题也是园林规划设计一直强调的问题。生态设计就是将环境因素纳入设计之中,从而帮助确定设计的决策方向,在设计的各个阶段,减少"产品"生命周期对环境的影响。在生态可持续发展的理念下,当今世界范围内的设计类院校,有很多已经开设了生态可持续发展相关专业,例如英国诺丁汉大学建筑与建筑环境学院下设有建筑与可持续性设计、可持续城市设计、可持续性建筑技术等专业;清华大学建筑学院的建筑系设有生态城市及绿色建筑等研究方向、建筑技术科学系设有建筑环境与能源应用工程专业。

较之学科的建设,相应的生态辅助设计软件平台也在不断建设中,并构成了较为完善的体系。例如基于 WeatherTool 工具的气象数据分析,基于 EnergyPlus 的热湿环境及空调系统分析,基于与计算流体力学(Computational Fluid Dynamics,CFD)相关的软件平台 Fluent、Phoenics、FLOW-3D 等对风、水环境的分析,基于 Radiance 的光环境分析,基于 Raynoise 的噪声分析,并不断地整合以 Autodesk Ecotect Analysis 软件及英国 IES 公司开发的集成化建筑模拟软件 Virtual Environment,形成了从概念设计到详细设计环节的可持续设计及分析的流程和绿色建筑评估等体系,用于指导设计及评判是否符合中华人民共和国国家标准《绿色建筑评价标准》或者美国 LEED(Leadership in Energy and Environmental Design)认证等。

目前,计算机生态辅助设计技术已经包含影响设计方面的几个主要因素:热环境、风环境、水环境以及光环境。这个构架形成了对于场地前期分析、过程分析和设计后比较分析的主要生态分析内容,以用于指导设计,使其向更合理的方向发展。同时,较之传统设计,设计师本身就可以完成以前必须依靠专业人员才能够进行的各项生态分析内容,因而能够更直接、更有效地协同设计。在计算机生态辅助设计技术日渐成熟的条件下,可以将热、风、水及光环境的分析整合起来,形成跟进设计过程的生态环境分析技术报告,有效地根据设计环境的气候特点、现状条件特征以达到可持续性设计的目的。

三、计算机辅助设计的途径

(一)概念设计与虚拟构建的技术支撑方式

1. 逻辑构建的过程

技术很重要,但是永远无法替代"想法",只是技术的应用影响了思考的方式,在纯粹的形象思维基础上融合了逻辑构建的部分。例如,对于景观的基本元素——一个长条凳的设计,首先必须从功能使用上考虑,一个合乎尺度的长方体可以看作长条凳,只要能够给使用者提供倚靠或者坐下来休息的功能即可,一个观景台阶、布景置石或者足够结实的栏杆都可以符合凳子的使用功能。又或者从人体工程学上考虑,哪种形式使用起来更加舒适。这种具有逻辑关系的数理思维不仅仅是很"数学"的设计形式,毕竟世间万物甚至不曾出现的形态都可以在计算机中用数学方式来模拟。在一定程度上,通过编程语言实现模拟自然的设计是合乎数理逻辑关系的。

设计的过程与技术构建的过程并不是分开的。现在往往有这样一种错误的认知——头脑中的想法才是设计。事实上真正的设计是整个推理的过程,想法只是设计的源头。大部分设计师在开始设计的时候是一种直接的观照,可谓"观物取象",犹如学画。"学画花者,以一株花置深坑中,临其上而瞰之,则花之四面得矣。学画竹者,取一枝竹,因月夜照其影于素壁之上,则竹之真形出矣。学画山水者,何以异此?盖身即山川而取之,则山水之意度见矣。"其"山水之意度"就是以自然山水作为直接的观察对象。设计的方法与这种绘画创作的方法如出一辙,尤其在设计满足了功能、生态等要求的前提下,设计的艺术性成为区分设计水平高低的关键。

上述关于设计方法的描述是从广义概念的角度入手的,它可以扩展为具有指导意义的设计方法论。这与基于编程的逻辑构建的过程并不矛盾,是设计方法的具体深入与过程的体现。

一般逻辑构建更多强调的是几何构建逻辑,即形式间的推衍关系,但是并不仅限于此。任何基于分析设计过程的思考逻辑,只要能通过语言编程的方式表达,都可以将其归为逻辑构建过程。逻辑构建本身就是一种设计创作活动,在没有计算机之前,设计师需要使用纸笔来完成整个过程。著名设计师、结构工程师塞西尔·巴尔蒙德曾说:"现在计算机为我们打开了大门,它赋予我们前所未有的自由去探索,其结果是令人迷惑并改变思维,且万物皆可。"计算机将逻辑构建的过程变得更加强大,可以拓展到更多的领域,并实时地反馈过程中每一步所产生的结果。在计算机强大计算能力的帮助下,更多的数学知识与逻辑被纳入了设计创作的过程中。例如,由于随机数算法的发明,设计师可以设计更多变化不定的形式,还可以利用布尔值判断某一项分析的结果,并排除不符合要求的项。逻辑构建不仅是设计形式本身,还扩大到了分析几何领域。例如,协助分析符合光照系数区域的部分,提出设计开窗调整方案以及计算最短路径等。

设计的逻辑构建过程往往与参数化下虚拟模型的构建过程相一致。在讨论设计的逻辑构建过程,尤其几何构建逻辑时会遭到质疑——使用手工模型或者传统的计算机模型建构技术同样可以做到。不过这个质疑仅仅是从建造的结果来证实,即既然可以获得一样的结果,就可以忽略过程。实际上设计过程的变化才是逻辑构建过程的根本,不可否认的是参数化或者智能化的方法有意识地强调了逻辑构建的这一过程,并呈现出严格的几何逻辑构建关系,同时达到同一个目的的逻辑构建过程并不唯一。逻辑构建的过程实际上是被有意识强调了的一种设计方法,绘画肖像时可以从整体轮廓出发,或者可以从局部五官出发,但是逻辑构建的过程更强调的是对整体结构的把握,再到细部变化的有机过程,而设计想法的跳跃性不会与这个过程相冲突。这个逻辑构建过程也是在不断的跳跃中完善起来的,本身就是对设计灵感的触发。设计调整最后的结果之前,反反复复不断调整的过程是不能被忽视的。

由程序语言实现的逻辑构建过程本身就是一种设计方法。也许很多设计师,尤其是一直以传统方式从事设计的设计师并不认同这种观点。也许大部分人并没有意识到传统计算机辅助制图的局限性,并将这种局限性认为是一种一直被忽略的存在。有限、僵硬的制图方式必然不能对设计本身产生影响,而使计算机沦为制图的工具。伴随计算机发展起来的是编程语言,事实上每一个人都应该学会编程。编程是最具创造力的智力活动,从 Linux、Mac 到 Windows 的操作系统,从 3ds Max、Maya 到 Grasshopper 的三维建模工具的背后都是代码,即编程语言。使用编程语言来从事设计活动就是一种设计的创造性的体现,因为这个过程不再是纯粹对几个命令的操作,而是将设计以程序语言的方式构建逻辑的过程。也许试图使用各类函数获得某种规律的变化形式,或者使用进化计算的方法拟合出合理的结构形式,又或者控制弹性系数确定某种动力学的运动形态。逻辑构建的过程是由程序语言或者节点式程序语言编写的,它为设计服务并受其影响。

2. 逻辑构建过程的根本——数据

编程的过程就是逻辑构建的过程,逻辑构建的根本是数据处理。如果说程序语言实现的逻辑构建过程本身就是一种设计方法,那么对于数据的关注就是实现这种设计方法的核心。数据的意义是在逻辑构建的过程中体现出来的,所获得的设计结果体现了这种逻辑构建关系和所包含的数据处理过程。不能够仅将这个设计结果视为单纯的形式表达,或者某种功能与生态的体现,透过表面所看到的应该是实现这种结果已经蕴含的逻辑关系和数据处理过程,这仍然是将设计作为过程的设计方法的体现。所有节点随机选择九个点中的一个的节点式程序方法能够清晰地看到前后数据的变化,这个过程可以使用节点可视化编程语言,也可以使用普通编程语言如 Python。不管使用哪种编程语言,这个过程都已包括两个方面主要的表达,一个是数据处理操作,另一个是语言逻辑与设计逻辑的辩证关系,但是它们的最终目的仍然是形式。只是在对形式(包括设计几何形式和分析几何形式)的关注上,已经不再是形式本身,而是以一种数据操作的方法、逻辑关系构建的模式去推导形式关系。这种对形式根本控制的方法就已经拓展了设计无限的可能性,或者说数据才是逻辑构建过程的根本。

数据处理是智能化与一般传统虚拟模型构建的本质区别。计算机辅助设计,尤其在三维模型构建方面,一般的策略是将头脑中的概念通过计算机辅助软件或程序以直接的观照方式实现。这种直接的辅助推敲的方法能够最快地将设计的概念以及不断调整的过程以虚拟的方式直观地表达出来。这种辅助设计的方法对设计的推动起到了积极的作用,尤其在控制三维空间各个视点形式的可行性与艺术性上,这也是逻辑构建过程的基础。然而,形式推敲的过程并不能够等于逻辑构建的过程。两者之间本质的区别就是,是否关注了形式下的数据处理与逻辑关系的构建。一般形式推敲的直接观照虽然可能在潜意识中具有某种几何构建的逻辑关系,但是这个过程是未被强调的,更不具有数据的逻辑关系,不具有动态的数据管理方式(或者可以比喻为不具有"大数据"时代的特点),设备间或不同平台间不能够共享数据。例如,App 中具有个人记账功能的平台应该可以与网银个人信息实现数据的共享,台式机中 Opera 浏览器的书签和历史记录应该与移动设备中的 Opera 浏览器实现数据的同步。这样,逻辑构建的过程中对数据的处理就实现了数据的可操作性,并扩大了数据的使用范围。非静态的"大数据"处理模式,将使设计的过程多样化。

对数据的操控实现了设计过程对技术本身的操控。设计师是处理设计,园林师就是做园林设计,开发提供给设计师使用计算机辅助设计的平台是程序员、工程师的事,因此它们之间除了使用与提供的关系外,就剩下想当然的鸿沟。甚至在设计企业招聘时出现了参数化设计师的职位,工作的内容不再是设计而是为设计服务的程序编写。将传统设计方式与智能化设计方式完全割裂地看待,并将逻辑构建过程视为

"设计"的附属是对设计技术最大的误读。"科技改变设计并能够实现设计方法的进步"理念要求设计师本身具备程序编写的能力。因此,逻辑构建的过程中设计方法本身是不能够完全由工程师来替代的,这就要求设计知识体系架构的调整,即设计师除了能够解决一般设计问题外,还要能够根据设计的目的编写实现目的的程序。例如,长条桌凳的设计整个过程的程序编写需要由设计师本人来完成。毕竟设计不仅包括形式的问题,还包括过程中工程实现的问题,以及各类必要的分析和数据的提供。每个问题都会因为设计内容的差异而千变万化,解决这些问题最好的方式不是等待工程师开发相关的程序,而是设计师本人就能够完成这个过程。

（二）从虚拟构建到实际建造

1. 逻辑构建的可控因素

参数化是可以自由调控形式的有机整体,影响形式的因素则由逻辑构建的过程来控制。这个调控的过程仅是对参数的调整,并实时地反馈所有形态的变化(如长度的变化、分割数量的变化)所带来的相应形式的变化,以利于形式的推敲。这个变化是比"直接地观照"更加智能化的一种方式,因为逻辑构建有机一体化的方式,让在同一逻辑控制下的形式变化更加直接。当然,可以将这个变化视为推敲过程更加便捷的方式,也可以视为某一种逻辑形式的程序开发。但更重要的是,这个过程就是设计方法本身,不应该脱离来看待,因为参数控制的方法直接影响着形式的变化。同时不能够简单地将参数的调控等同于模型的推拉。最初,一般的设计中并没有分离开各个单元之间的空隙。在设计调控的过程中将代表各个单元块的数据分离并移动,增加单元间 3～5 cm 的缝隙。这是一种便捷的形式调控的方法,并能够提供参数来控制这个逻辑构建关系,从而获得更大的自由度。例如,更加便捷地推敲缝隙在不同尺度下形式变化的关系,这是使用直接的构建方式不能够轻易达到的结果。

同一构建逻辑下形式的变化,能拓展形式的多样性。不同的形式结果都是在同一逻辑构建下产生的不同结果,设计师也可以对逻辑结构适当调整从而获得逻辑构建方法类似而功能使用不同的形式结果。逻辑构建的方法可以延伸设计师未曾涉及形式的存在,其根本就是对设计过程的逻辑构建并以此扩展无数可能的形式。这是数理逻辑的具体表现,完全不同于一般计算机辅助模型的建立。长条桌凳的桌部分与凳部分使用了同一个逻辑构建关系,只是在尺度和随机数组的种子值上进行了调整。这种同一构建逻辑形式的变化也更加适合传统古建筑的构建,在各类尺度中以斗口尺寸为参考,各构件间紧密的建构关系,都突出显示了参数化构建的可行性。设计的过程在某种条件下就是逻辑构建的过程,是寻求某种形式的潜在构建规律,并反馈回来推动最初形式的演变,获得更进一步的形式推敲,并再次调整逻辑构建关系的过程。在某些时候对这个逻辑构建关系所产生的形式并不满意时,就需要重新构思,可能不得不抛弃之前的逻辑构建,毕竟追求设计的完美才是设计的本质。

2. 数据控制下的建造技术

三维数控技术是实现复杂形体建造的最佳途径。基于智能化的设计策略方法,虽然完全可以更加方便地构建传统的设计形式,但是设计新形式的探索欲望可能无意识地将设计做得很"复杂"。这种"复杂"是相对于传统施工工艺来说的。设计方式的智能化与施工工艺的智能化、机械化必然是未来发展的趋势,两者之间的配合也会更加默契。但是当设计的智能化超越施工工艺的智能化时,这种设计就会变得很"复杂",尤其在目前的二线城市,如果要实现某一个特别的创意,就需要找到不一样的处理方法。例如,最初构思选择的材料为合成木材,但是整体加工的方式加大了成片的费用,选择模具浇筑混凝土的方式也许是不错的选择。这就需要对每一个单元建造模具,目前最容易的加工方式是二维的,即裁切平面化的金属或者木材搭建模具。把每一个单元异形体展平在二维的平面上,一般处理的方法是拆解每一个平面,手工移动摊平,这样一个纯粹人工处理的过程既浪费时间,又乏味。如果处理更加复杂的形体,甚至难以实现。当然,设计师可以请专业的程序员协助开发相关的处理程序,将这个虚拟构建到实际建造需要处理的问题撒出去。但是这些问题作为逻辑构建过程的设计方法中的一部分,处理好它们应该是设计师在设计过程中所应具备的能力。

最初使用的程序,虽然将所有的平面更加方便地展平,并增加了自动标注索引和尺寸的功能,但是单元的各个平面并没有互相契合。如果能够获得类似折纸、包装盒一样展平的结果,必然会为加工带来更大的方便。对于这个程序,使用节点式的编写方式目前还是不容易实现的,因此借助 Python 语言来编写。

这个过程是一个半自动化的过程,需要指定展平的顺序。程序的关键是定义了一个核心的函数 Flatten,并使用循环语句分别作为与待展平面在二维平面上对位的一个平面。从设计到具体的建造模拟,自始至终都是以逻辑构建的过程作为设计的方法,并以数据处理为根本实现的。

四、复合的计算机辅助设计策略

(一)复合的计算机辅助设计策略的提出

计算机辅助设计的方法需要根据具体项目来确定采用哪些适合的辅助手段和进行哪些方面的分析,因此归纳出计算机辅助设计的主要内容,可以确定具体项目的选择。

本书梳理了目前主要的计算机辅助设计策略。伴随技术与设计的不断融合,更多复杂的系统不断地完善。例如,智能化的城市演变过程、复杂参数系统下的形态模拟等,未来这些都会伴随着计算机辅助设计的发展不断完善、创新。在传统设计基础上变革设计方法,依靠计算机辅助设计手段是设计方法研究的一个必然趋势。

(二)复合的计算机辅助设计策略

1. 区域基础地理信息数据的录入

涉及区域规划的设计一般采取地理信息系统处理的方式切入,因此需要录入有助于规划设计的基础数据为进一步的分析提供条件。加载实际调研确定的敏感区域包括明水面的位置以及建筑现状并确定道路、堤坝和高程。规划设计的目的是改善湿地生境,主要通过控制相对水深,限制和调整植物生长环境,扩大明水区域面积,并且尽可能地将陆地入水方式调整为缓滩的方式,增加入水过渡形成的水深变化区域,以适应不同生境植物的生长。同时需要提供木栈道和休憩平台,以及观鸟屋。在现有的设施中,已经存在之前搭建的一些服务设施,包括木栈道、平台、亭、榭,但是现有的设施以及对未来设计有所影响的现有明水面位置和相关联的岸堤的位置在上位规划图中并没有准确给出。调研过程中与出资方的协作人员以定点的方式确定设施的基本位置,所有设施的定点坐标在 ArGIS 中加载并与基础图纸叠合,从而为进一步的设计提供位置的参考依据。

2. 当地气候条件的数据分析

一方面能够通过气象条件的分析确定规划区域气候的特点,另一方面可以确定对建筑设计有影响的基本影响条,例如基于太阳辐射强度最佳朝向的计算,以及使用温湿度关系图分析被动式太阳能采暖、高热能材料、高热容、夜间通风、自然通风、直接蒸发降温、间接蒸发降温等情况获得建筑设计适合的热环境策略,为进一步的设计提供定量的数据支持。

3. 建筑的参数化设计

参数化设计的方法可以扩展到区域的层面。在区域的计算机辅助设计方法中,大多采取地理信息、技术手段,从地理信息数据管理分析的层面辅助生境的改善。在地块设计层面则较多地采取参数化的方法辅助建筑设计,并结合生态分析,确定建筑的朝向和分析不同材料对室内热环境的影响以及优化开窗比例。

4. 调整与恢复中的湿地设计

设计本身就是一个过程,只有到施工完成时才算完成设计的基本流程。在施工过程中会碰到设计之初未曾预料的很多事情。例如,将湿地的施工时间安排在冬季,虽然可以避免夏季淤泥阻碍施工的困难,但是冬季水体结冰也在一定程度上增大了施工的难度。所以在原有设计的基础之上,将重点放置在明水面的拓展和船道的开挖上,并将土方就近平摊处理。在寒冷的东北地区,冬季在冰层上放样也并不容易。放线处理是采用 GPS 定位的方式,在设计区域定位,用铁钎子绑住带有颜色的旗子,然后使用推土机沿旗子的方向铲出设计的等高线。控制的等高线主要为常水位线和芦苇生长控制线,用于减小施工的难度并控制水生植物生长的环境。

复合的计算机辅助设计策略有助于改善传统的设计方式,将传统的方式更多地转移到计算机辅助设计以协助分析研究规划与设计。在基于复合的计算机辅助设计策略的规划与设计研究中,计算机辅助设计不仅可以在规划过程中辅助分析与基于数据进行管理和制图,还可以在开始规划设计时依据目前计算机辅助设计的内容,根据规划设计的目的采取适合的策略。这种依据计算机辅助的分析策略基于传统规划设计研究的内容并同时提供分析的具体方法,也是计算机辅助设计的优势。

第四节 仿生设计在园林规划与设计中的应用

一、仿生设计概述

(一)仿生

1."仿生"是人类生存的需要

早在人类出现之前,一些生物种群已经在大自然中生活了亿万年,它们在长期的进化中,获得了与大自然相适应的能力。面对大自然的各种考验,人类在自身进化的同时,还在不断向自然界中其他生物学习生存的技能,如远古时期的骨针就是人类模仿鱼刺制造出来的。这是人类最初级的创造活动,也是人类为生存而表现出来的仿生意识行为。虽然这些行为朴素而直接,但却是仿生概念发展的基础,也是现代仿生学与仿生设计的雏形。

2."仿生"是人类的生存方式

在中国古代,仿生的工具技术、建筑艺术、习俗文化、思维意识等,都是中国传统生活方式中生存实践的代表。所以,在中国,从某种意义上讲,"仿生"就是人类的一种生存方式,是一种传统、朴素而真实的生活方式,传达着人与自然和谐共生的理念和追求。这一点对现代乃至未来人类的社会生活和生存方式都有重要的现实意义。

(二)仿生学

在20世纪中叶,仿生学还只是一门边缘学科,是一种对生物构造进行模仿的科学。从其诞生到发展,只用了短短几十年的时间,但是从它所涉及的领域、研究的成果、达到的效果来看,远远超出了仿生学本身的价值。仿生学不仅是一门边缘学科,还是一门多领域交叉学科。它的原理很简单,大自然中所有生物的结构和功能都是仿生学可研究的对象。仿生学将自然界中生物体的特点应用到其他领域中,包括工程技术、建筑、园林等。它的出现造就了众多优良的仪器和装置,使人类发明创造的脚步继续向前。

现代高科技的发展需要依赖仿生学,而仿生学的发展则需要依赖于对生物的模拟。在众多仿生学的应用范畴中,以仿生建筑学的成绩最为显著。现代建筑仿生从多个层面进行展示,既要体现建筑本身的特点,又要体现仿生的特点。与其他公共设施一样,它也需要建筑物本身所要求的强度、刚度、周围环境等一系列条件的支持。现今建筑仿生已经成为一门新的研究学科,它是新时代的产物,是结合建筑科学技术特征,根据自然生态与社会生态规则,进行综合应用的科学。它的主要研究内容包括功能仿生、城市仿生、形式仿生、结构仿生等方面。可想而知,建筑仿生学是一门范围极其广阔的学科。现在人们对建筑的要求越来越高,建筑仿生学可以启发更多的构思,而且不只在建筑本身,在城市环境绿化建设中,它也起到了相当重要的作用。可以想象,在不久的未来,城市中将到处充满着"仿生"的影子。

(三)仿生设计

仿生设计(Biomimetic Design),是在仿生学和设计学的基础上发展起来的一种新的设计方法,涉及生物学、物理学、人机学、心理学、材料学、电子学、工程学、色彩学等相关学科。仿生设计源于仿生学,而仿生学则源于自然界中的各种生物体。

仿生设计是仿生学在设计中应用的体现。仿生设计的主要研究对象是自然界中生物的结构功能、物质组成、外观形态、信息控制等各种生物特征和原理,然后选择性地将其应用到人类造物的设计之中,寻找人类社会生产活动和大自然的契合点。仿生设计与原有的仿生学成果应用不同,它以自然界中万事万物的"形""音""色""结构""功能"等为研究对象,有选择地在设计过程中应用这些特征和原理,为设计提供新的思想、原理、方法和途径。目前,仿生设计已经被运用到现代设计的各个领域中,按照目前的发展趋势,它将成为未来设计领域中的重要方法之一。

仿生设计是仿生学的延续和发展。一些仿生学的成果需要经过进一步的再创作，才能够更好地运用到现实生活中。仿生设计结合了艺术和科学两方面，不但在物质上，而且在精神上，追求传统与现代、人类与自然的多元化设计融合和创新，使人与自然达到高度的和谐状态。自然界是人类最好的老师，人类无时无刻不在自然界中获取灵感，并得到启发而进行创造性活动。"仿生"是借鉴动植物的生长机理和自然界中一切自然生态规律，结合设计对象的特点使其适应新环境的一种创作方法。仿生是最具生命力的，也是人类可持续发展的保证。从可持续发展的角度来看，仿生设计就是一种理想的设计。从仿生的外在表现来看，它更加倾向于对生物界中动植物形态和生物机理的学习，但这是向大自然学习的最直接的表达方式，并不是单纯的模仿和抄袭。

（四）仿生设计的特点

仿生学是一个大门类，仿生设计学是立足于仿生学的一个分支学科，它不仅研究工艺、艺术等物质层面，还研究理念、思想等精神层面。作为一门新兴的边缘交叉学科，仿生设计兼具设计学和仿生学的特性。

1. 科学、严谨的艺术性

仿生设计作为现代设计学的一个分支，同其他设计科学一样，其具备艺术学对设计审美的普遍要求，且重在美的表达。仿生设计在表达的过程中，需要结合一定的设计原理、以一定的仿生学理论和研究成果为依据，因而仿生设计的成果具有相当的科学性和严谨性。

2. 取类无穷性

大千世界，无奇不有，一部人类社会的发展史就是人类改造自然、适应自然的奋斗史。人们对自然的探索和研究是无穷无尽的，自然界能够提供给人类进行仿生设计的原型也是无穷无尽的。因此，只要我们潜心研究大自然，仿生设计的原型将取之不尽，用之不竭。

3. 多学科交叉性

仿生设计是一门多学科交叉而成的新兴学科，其研究内容几乎涵盖了所有自然科学的基本知识。因此，要熟练运用仿生设计，必须要在设计学的基础上，了解多方面的基础知识，同时还要对当前仿生学的研究成果有清晰的认识。

4. 设计的创造性

设计的内涵在于创造、创新，景观界中的"千城一面"现象与自然界的丰富多彩形成强烈的对比。在高科技、快节奏的社会环境下，仿生在设计中的应用突出了设计的个性化，增强了设计的艺术性和趣味性，增加了人们之间的精神互动，使得设计师所设计出来的事物具有意象美和意蕴美。仿生设计极大地拓展了人们的想象空间。

仿生设计的灵感来源于自然界，自然界中无数的生物形态都可以成为设计师模拟的对象。这种模拟，可以是局部的模拟、整体的模拟；可以是对自然界中生物的真实形态的模拟；也可以是对发自理念思考的抽象形态的模拟，经过设计师的提炼、拓展和升华，进而创造出满足人们审美要求的精神事物。

二、园林仿生设计理念

（一）园林仿生设计与自然法则

自然法则是宇宙万物存在的规律，宇宙中任何生物皆有其自身的角色和存在的作用，其能否生存，完全是"优胜劣汰"的自然选择结果。生物之间通过自然选择达到平衡，因此，尊重自然、保护生命和环境具有非常重要的意义。"天人合一""道法自然"的思想对我国古代城市建筑选址有着非常大的影响，这些观念是自然法则在规划设计领域中的最早体现。在西方城市规划发展中，从 19 世纪末埃比尼泽·霍华德（Ebenezer Howard）的"田园城市"思想到如今的生态城市建设，自然法则已经逐步形成一套系统的理论。

18 世纪末，工业革命给城市带来了人口拥挤、交通阻塞、环境污染等问题。随着这些问题的日益突出，人们要求恢复良好生态环境、与大自然和谐共生的愿望日益强烈，一些规划师开始思考如何保护大自然和充分利用土地资源的问题。但是，现代城市所面临的生态和环境问题，并不是简单依靠规划师们的杰出才华就可以解决的，最终还得从大自然中寻找答案，即"大自然才是最伟大的规划师"。

20 世纪中叶，自然法则思想已经逐步演变为一系列系统的科学，包括人类居住科学、城市生态学、景观建筑学、人类环境生态学、景观生态学等。

"师法自然"就是以大自然为师，顺从自然规律，并加以效仿。早在远古时期，人们就运用自己的智慧，以我们赖以生存的大自然为师，学习和模仿自然物的优点并加以提炼、融合和创造，丰富人类的文明。"师法自然"通过仿生设计借景生情、借物言志，模仿各种优美的自然形态，丰富和发展了现代设计的造型语言，增加了设计成果的情趣，给人们带来了新奇的体验和感受，满足了人们追求轻松愉快的情感需求，体现了人们对自然的尊重、理解和向往。

（二）园林仿生设计与绿色设计

20 世纪 60 年代，美国设计理论家维克多·帕帕奈克（Victor Papanek）在其著作《为真实世界而设计》中强调，设计应认真考虑有限的地球资源的使用问题，并为保护地球的环境而服务。自 20 世纪 80 年代以来，以保护环境、保护人类自身健康、实现可持续发展为目标的"绿色浪潮"在全球兴起。回归自然，关注生态与环境，实现"绿色设计"，已成为许多设计师的共同目标。

"绿色设计"是 20 世纪 80 年代末出现的以保护环境和环境资源为核心主题的设计方式，是继现代主义设计理论之后向新设计价值观过渡的一种思想转变。其原则为"4R"，即：Reduce（减量）、Recycle（回收）、Reuse（重复使用）和 Regenerate（再生）。绿色设计要求在设计的全过程中，尽可能地减少资源的消耗，以达到物尽其用的效果，并进一步实现节约资源、有效利用的目的。以追求人与自然和谐统一为目标的仿生设计，必须强调设计中的仿生意识和环境意识，强化绿色设计理念。

1. 模仿自然规律的优越性能

"物竞天择，适者生存。"自然界中的动植物在长期的生存竞争过程中，不断地完善自身，其不仅完全适应自然，而且进化程度也几乎接近完美，大自然中到处都充满了这种"优良的设计"实例。设计成果如果能够具备类似于自然物的性能，就可以更好地适应环境,实现可持续发展。因此,在设计过程中,设计师应不断地学习、吸取自然界的生命规律和自然生态系统的运行规律,合理利用各种材料,将仿生设计的创造性应用于园林设计中,实现资源节约和有效利用。例如,国家游泳中心"水立方"的结构设计模仿了矿物质的结晶构造和自然形成的肥皂泡。将肥皂泡作为仿生对象的原因在于,气泡的形学和力学特性使得仿生结构拥有最小的表面积,大大减少了钢材的使用量。

2. 模仿自然材料的优越性能

为了减少对自然资源的过度采伐,在园林仿生设计中对自然材料的仿生既可以满足人们的需要,又可减少对自然材料的使用。因此,仿生设计成为节约环保的绿色设计。例如,由北京橡胶工业研究设计院与北京动物园共同研制的新型环保产品——仿生藤,于2008年4月正式在北京动物园投入使用。研究人员采用新型的高分子材料结合高科技手段,仿制了逼真且便于维护管理的仿生藤,这一技术的研发和应用,大大节约了树木资源,为动物世界提供了保障,也为人类保护生态环境提供了一个有效手段。

(三)园林仿生设计与情感化设计

情感是人类生活的一部分,是人类心理中最复杂的体验,影响着人类的感知、行为和思维。情感化设计是指在设计过程中,以设计成果的物质功能为基础,充分展现其精神功能,向使用者传达情感,进而让使用者在使用过程中体验情感的设计理念。设计师通过对人类情感一般规律的分析和研究,在表达自身对生活的理解和感受的同时,必须充分重视到设计成果与人类之间产生的心理层面的互动,准确体现人们的情感需求和自我意识,为人们带去更多轻松愉悦的感受,提升设计成果与人们之间的亲和感,激发人们的生活热情,引导人们体会更加丰富多彩的生活。

把情感化设计反映在成果的使用年限中,并进一步反映在实现人与环境和谐相处的方面,将成为园林仿生设计的一种重要思路。在当代社会,人们在物质生活得到满足的同时,对精神生活有了更高层次的要求。当人们对具有更高层次精神功能的园林景观倾注了更多感情后,就不会轻易舍弃,反而会更加精心爱护,因而可以大大延长园林景观的寿命。

(四)园林仿生设计与文化展现

文化是人类生活的反映,是人类活动的记录,是人类历史的沉淀,是人类对生活的需求和愿望,是人类的高级层次上的精神生活。文化是人类认识自然、思考自己和人类精神得以传承的框架。文化无处不在,人类的存在状态、生活方式、行为习惯、思维特征、价值取向、审美情绪、心理素质等都是文化,都包含在文化的范畴当中。

1. 丰富人类的物态文化

物态文化是由物化的知识力量构成的,是人类的物质生产活动及其产品的总和,是可以被感知的、具有物质实体的文化事物。

人类对自然的不断探索和研究的过程,伴随着社会的不断发展。园林仿生设计以自然为师,以科学技术为发展基础,将各种不同的学科系统相衔接,通过对仿生对象的结构、功能、形态、色彩等一系列特征的提取、分析和模仿,创造出丰富的园林景观形式。从远古的苑、囿,到今天的植物园、森林公园和湿地公园等,作为人类社会生产活动和自然界的契合点,仿生设计不断丰富着人类的物质文明和精神文明,从而为人类创造出更加美好的生活方式。

2. 提升设计审美

传统美学中的美是纯粹的美,与功能和实用价值无关。现代社会的飞速发展和人们生活中对艺术设计的迫切需要,使人们的审美意识从艺术领域拓展到了技术领域,促进了科学技术美和艺术美的新统一,形成了以"形式追随功能"为核心观念的现代设计美学理念。

园林仿生设计在大自然的指导下,可以创造出更优良的、多样化的、具有生命力的园林景观形态。园林仿生设计在满足人们物质需求的基础上,更注重景观的实用性,注重人们在精神层面上的追求,注重返璞归真和情感化设计,强调"形式追随功能"的新美学观念,旨在促进人类社会的长远发展。

3. 赋予园林景观更多文化内涵

经济全球化和信息传媒的迅速发展,使全球文化交流更加快捷、直观、全面,国际化现象越发明显。各地方、各民族各具特色的设计文化和审美特点在逐渐消失,这引起了人们对设计文化的关注。人们迫切希望传统文化和现代技术能够互为补充,呼唤地方文化和民族文化的重建。

仿生设计顺应了人们的需求。设计师们在长期形成的社会风俗和文化传统中寻找产品设计的新的诉求点,从本土文化中提取深入人心的仿生对象,表达设计理念,设计出不同风格的景观形式,使人们产生文化归属感。

三、园林仿生设计理论应用

(一)文化融入与园林仿生设计

1. 文化融入的必要性

每一个城市都有其自身的文化资源,并由此形成具有自身特色的地域特征,即城市个性。仿生设计作品可以凝聚人文精神和彰显历史价值,但是就现代很多设计作品而言,它们往往存在模仿和雷同的问题,照搬其他设计作品的设计元素和造型特征,没有自己独特的风格和理念,也不存在本身独特的地域文化特征。在设计之初,如果能够适当地发掘相应的地域文化特色,将文化融入设计之中,就可以取得更好的效果,为以后的设计打好基础。

2. 文化融入的可能性

符号学认为,将符号进行简单的提炼,可以把各种事物的内涵完美表达,当然也包括文化。设计的空间布局、材质和造型等都可以理解为某种符号,尤其是设计的外部造型,我们可以直接将其当成符号来看待。所以在仿生设计中融入文化、表现文化是完全可能的。

3. 文化特性

在进行园林仿生设计时,设计师应主要研究可能和整个场地设计相联系的文化因素,并对其进行进一步的剖析。文化具有地域性、民族性、历史性等特征,每种特征都可以进行设计上的表达。其中地域性、民族性属于横向特征。从地域性来看,欧美文化与亚洲文化虽然同时存在于地球之上,但其中却有千差万别;就民族性而言,汉族文化与满族、回族等其他民族文化同时存在。但"一方水土养一方人",每个地方、每个民族都有各自的文化特色。

(二)空间建构与园林仿生设计

空间是具有宽度、高度和深度三维属性的物质存在形式。空间是现代建筑学研究的主要内容。空间就像盒子,盒子的外壁就是建筑实体,盒子的内部就是建筑空间,建筑师通过设计来分割空间、组织空间,最终形成耐人寻味的空间形式。用格式塔(Gestalt)理论来界定空间的含义,空间就是一种"图"与"底"的关系。

园林作为被安置在自然界中的设计作品,其空间性是极其重要的属性。这里的空间性包含的内容十分广泛,它不仅包括空间的宽度、深度和高度,还包括设计作品的形式、材料、质感、色彩以及光影、背景等多种元素,甚至人们在空间中谈笑的回声。空间的意义不仅在于人们的视觉感受,还包括使用功能、精神体会、交流行为、文化内涵等多方面内容,广义上的空间设计理论可以涵盖设计的各个层面。没有空间,就没有设计作品。设计师只有从空间的角度来认知设计、研究设计,把握其空间的整体特征,才能真正认识作品的存在价值,为仿生作品的设计开拓出一条理性思路。

1. 景观空间

仿生设计作品是一种物质存在,它存在于空间之中。要研究其空间属性,可以从空间的物质层面和精神层面两方面入手。

从空间的物质层面上来看,仿生设计的空间可以分为本体空间和环境空间两部分,两者是仿生设计的主要空间要素。本体空间即仿生作品本身所占据的定量空间,是设计作品空间的构成基础;环境空间是承载设计作品的周边环境所包含的空间,作为一种基址,它不仅仅是设计作品的基址,也是所有设计要素的基址。环境空间若是一张图纸,那么本体空间就是图纸中的画。本体空间是观赏的主体、对象和着眼点;环境空间则是承载小品、游客或其他景观构筑元素、植物要素等的物质基址。本体空间与环境空间息息相关,只有二者相互融合、彼此呼应,才能达到视觉上的舒适。

从空间的精神层面上来看,设计空间可以划分为审美空间、行为空间和文化空间三种,三者都是无形的空间。它们从不同的角度影响着观赏者的欣赏方式、行为活动与心理感受。因此,这三种富有精神属性的空间形态被定义为"心理空间"。

本体空间、环境空间以及心理空间三者覆盖了仿生设计作品的所有空间类型,共同构成了设计作品的整体空间,即景观空间。景观空间实际上是三个空间要素的组合、平衡和协调。本体空间作为主体进入环境空间中,环境空间作为背景承载着本体空间,心理空间则是平衡本体空间与环境空间的无形砝码,是物质与精神的相互对应。

2. 景观空间的竖向设计

好的景观空间的建构,取决于本体空间、环境空间以及心理空间三者的艺术性、协调性和融合度。最终的效果是通过作品的竖向设计、平面布局以及尺度关系来实现的。如何将设计作品的空间建构理论用于实践,把握好作品的竖向设计、平面布局以及尺度关系是关键。从视觉的竖向角度来看,景观空间有三种类型:平远型空间、高远型空间和深远型空间。

(1)平远型景观空间

这种竖向设计手法,无论作品是单个存在还是组合安置,都将观赏者与承载作品的基址安排在同一高度。其设计作品的尺度较为亲切、体量较小,都控制在不超过观赏者的实际高度的范围内。如此设计的意图是把人的视线拉平或引向纵深方向,使人视野开阔,并获得良好的观赏角度。观赏者只需前后左右进行观赏,放眼望去即可把握设计作品以及周围环境的全貌。

(2)深远型景观空间

所谓深远,包括了"深"与"远"两个要素。"深"较为形象地道出了此种空间类型的特点——营造一种下沉式的环境,将设计重点置于下沉环境中供观赏者欣赏。园林仿生设计中的下沉式环境很多,包括水池、下沉式广场、河滨地带等。将设计作品安置于此类地点,可以使观赏者纵览全局。在平坦的场地竖向上还有一种处理手法,就是使承载设计作品的基址与观赏者处于同一高度。但是设计作品本身的高度需要控制好,将其基点贴近于地面,最终使得设计作品位于观赏者视线的下方,从而达到观赏者可以向下观望的效果。

(3)高远型景观空间

这种手法适用于突出设计作品的崇高地位的作品,即将作品置于高出观赏者视线的位置,使观赏者必须仰首观望,才能够把握其全貌。有一些重要的设计作品,其高大的体量能直接把观赏者的视野拉向上方,从而突出设计作品本身的重要程度。这种手法适宜用于纪念类、主题类、标志类等类型的设计作品。相比于前两者,标志类利用到的概率相对较少。

3.景观空间的平面布局

(1)焦点式布局

焦点式布局,也称作中心式布局。具体做法是把设计重点安置在环境实体空间的中心点上,周围的一切事物都围绕设计作品进行布局,从而达到突出作品本身的目的,使作品的本体空间感得到强化,并且强调主题。设计重点的具体位置可以选择道路交叉口、道路轴线的尽头、开敞草坪中央或公园广场中央等区域,使作品成为观赏者欣赏的焦点。

(2)自由式布局

自由式布局多用于以营造活泼、轻松、自由氛围为目的的景观空间。如果环境实体空间中需安排单件设计作品,则可以将其安置于非中心点;如果是两件或多件作品,则可以将其散布在场地之中,随意而不凌乱,看似漫不经心,但却有着深刻的内涵,使观赏者在无序中得到审美体验,从本体空间中感受到"美",进而提升心理空间的品质。

（3）边界式布局

边界式布局是将仿生设计作品布置于公园道路、草坪、广场的边界位置。其有两种作用：一是将作品的装饰功能作为主要功能来使用，如同行道树一般排列于实体空间周围；二是利用设计作品本身来吸引观赏者进入特定的区域。

4．景观空间的尺度关系

竖向设计和平面布局对于仿生设计作品空间效果的影响是巨大的，主要体现在作品的本体正空间和环境实体空间的融洽关系和审美空间、行为空间、文化空间给观赏者的心理感受上。小品的尺度设计则关系到景观小品的本体负空间和环境虚体空间的关系是否融洽以及给人的感受是否得体。

（三）植物选择与园林仿生设计

景观设计中的植物一年四季都在不断生长，因此它们是富有生命特征的。处于动静之间的园林植物是景观设计的重要灵魂，没有植物就没有真正的园林。相比于仿生景观，很多植物的造型线条柔软、活泼，色彩丰富，可以随季节的变化而变化，这些特点都弥补了仿生景观在某些方面的不足。

现代景观设计中，植物的造型、色彩、质感等元素都可以研究与应用。植物如果能在仿生景观中被巧妙配置，则可使仿生景观与园林植物相得益彰，充分体现人工美与自然美的完美结合。利用植物四季景观不同的特点，可以使设计作品的面貌在四季变化，这是一种时间的季相感；另外，还可以利用植物景观丰富的色彩和多变的线条，遮挡或缓和景观作品中的部分生硬轮廓，丰富景观作品的整体色彩。如果二者配置得体，可进一步增强景观作品的艺术效果，提高其审美价值，使整个环境变得更加优美，产生理想的景观效果。

第四章 园林工程施工建设

第一节 园林工程施工概述

一、园林工程施工项目及其特点

（一）园林工程施工具有综合性

园林工程施工具有很强的综合性，它不仅仅是简单的建造或者种植过程，园林工程人员还要在建造过程中，遵循美学特点，对所建工程进行艺术加工，使景观具备一定的美学效果，从而达到陶冶情操的目的。

（二）园林工程施工具有复杂性

我国园林大多是建设在城镇或者自然景色较好的山水之间，而不是广阔的平原地区，其建设位置地形复杂多变，这对园林工程施工提出了更高的要求。在准备期间，一定要重视工程施工现场的科学布置，以便减少施工对周边居民生活的影响和成本上的浪费。

（三）园林工程施工具有规范性

在园林工程施工中，建设一个普普通通的园林并不难。但是怎样才能建成一个不落俗套，具有游览、观赏和游憩功能，既能改善生活环境又能改善生态环境的精品工程，是一个具有挑战性的难题。因此，园林工程施工工艺总是比一般工程施工的工艺复杂，对于其细节要求也就更加严格，施工过程需要具有规范性。

（四）园林工程施工具有专业性

园林工程的施工内容较普通工程来说要相对复杂，各种工程的专业性很强。不仅亭、榭、廊等建筑的内容复杂各异，施工中的各类点缀工艺品也各自具有不同的专业要求，如常见的假山、置石、水景、园路等工程技术，其专业性也很强。这些都需要施工人员具备一定的专业知识和专业技能。同时，园林工程中因为具有大量的植物景观，所以园林工程人员还要具备园林植物的生长发育规律及生态习性、种植养护技术等方面的专业知识。

二、园林工程建设的作用

园林工程建设主要通过一些工程项目的新建、扩建、改建和重建，特别是新建和扩建，以及与其有关的工作来实现。

园林工程施工是完成园林工程建设的重要活动，其作用可以概括为以下几个方面。

（一）园林工程建设计划和设计得以实施的根本保证

任何理想的园林工程建设计划，任何先进科学的园林工程建设设计，均需通过现代园林工程施工单位的科学实施，才能得以实现。

(二)园林工程建设理论水平得以不断提高的坚实基础

一切理论都来自最广泛的生产实践活动。园林工程建设的理论自然源于园林工程施工的实践过程。而园林工程施工的实践过程,就是发现施工中的问题并解决这些问题,从而总结和提高园林工程施工水平的过程。

(三)创造园林艺术精品的必经之途

园林艺术产生和发展的过程,就是园林工程建设水平不断提高的过程。只有把经过学习、研究历代园林艺匠的精湛施工技术及巧妙手工工艺,与现代的科学技术和管理手段相结合,并在园林工程施工中充分发挥施工人员的智慧,才能创造出符合时代要求的现代园林艺术精品。

(四)培养现代园林工程建设施工队伍的最好办法

无论是对理论人才的培养,还是对施工队伍的培养,都离不开园林工程建设施工的实践锻炼这一基础活动。只有通过实践锻炼,才能培养出作风过硬、技艺精湛的园林工程施工人才和能够达到走出国门要求的施工队伍。也只有力争走出国门,通过国外园林工程施工的实践,才能培养出符合各国园林要求的园林工程建设施工队伍。

第二节　园林土方工程施工

一、园林土方工程施工前的准备工作

在园林土方工程施工前经常要先进行一系列准备工作,为后续的土方施工打下基础。

(一)场地清理

场地清理就是在土方施工范围内,对场地地面和地下的一些影响土方施工的障碍物进行清理。比如一些废旧的建筑物的拆除,通信设备、地下建筑、水管的改建,已有树木的移植,池塘的挖填,等等。这些工作应由专业拆卸公司进行,但必须得到业主单位的委托。旧有的水电设施可能已经拆除或改建,因此,需要为土方施工修建临时的水电设施。有些场地还需要修建临时道路,为施工材料和施工机械的进场做准备。

(二)排水

施工场地内一些坑坑洼洼的部分有积水,会影响工程的施工质量。在开工之前,应将这些积水排除,保持场地的干燥。在进行排水时,最好设置排水沟将水排到场外,而排水沟应设置在场地的外围,以免影响施工。如果施工区域的地形比较低,还要修建挡水土坝,用来隔断雨水。

(三)定点放线

按照前期规划的设计图纸,在施工区域内利用测量仪器进行定点放线。定点放线工作能够确定施工区域以及区域内的挖填标高。测量时应保证数据的精确性,不同的地形放线方法也不同。

1. 平整地形的放线

在平整场地内,应用经纬仪进行测设,在交点处设立桩木。对于边界处的桩木应严格按照设计图纸进行设置。桩木的下端应该削尖,这样容易钉入土中,并在桩木上标出桩号和标高。

2. 自然地形的放线

在自然地形上,应首先把施工设计图上的方格网测设到地面上,然后确定等高线和方格网的交点。接着将这些交点标到地面上,并在上面进行打桩,在桩木上标出桩号和标高。为避免桩木被填土埋在下面,桩木的高度应高于填土的高度。对于较高的山体,一般采用分层放线。

挖湖工程的放线和山体的放线一般是差不多的,但挖湖工程的水体部分放线一般粗放。岸上的放线一般比较精确,因为这关系到水体边坡的稳定性。

在开挖槽时,打桩放线的方法就不适合了,一般采用龙门板。因为在开挖槽施工中,桩木容易移动,这将严重影响后期的校核工作,所测数据的可靠度得不到保证。而龙门板的构造相对简单,使用起来也比较方便。龙门板的设置间距应根据沟渠纵坡的情况确定。在龙门板上要标出沟渠的中心线位置以及沟上口、沟底的宽度等。一般在龙门板上还会设置坡度板,用来控制沟渠的纵坡。

二、园林土方工程施工分析

土方工程施工包括挖、运、填、压四个内容。其施工方法可采用人力施工,也可用半机械化或机械化施工,这要根据场地条件、工程量和当地施工条件决定。在规模较大、土方较集中的工程中,采用机械化施工较经济;但对于工程量不大、施工点较分散的工程或因受场地限制不便采用机械施工的地段,应该采用人力施工或半机械化施工。

(一)土石方调配

为了使园林施工的美观效果和工程质量同时符合规范要求,土方工程要涉及压实性和稳定性指标。施工准备阶段要先熟悉土壤的土质;施工阶段要按照土质和施工规范进行挖、运、填、压等操作。施工过程中,为了提高工作效率,要制订合理的土石方调配方案。土石方调配是园林施工的重点部分,施工工期长,对施工进度的影响较大,一定要做好合理的安排和调配。

(二)土方的挖掘

1. 人力施工

施工工具主要是锹、镐、钢钎等。人力施工不但要组织好劳动力,而且要注意安全和保证工程质量。施工时应注意以下几点:

第一,施工者要有足够的工作面,一般平均每人应有 $4\sim6\ \mathrm{m}^2$。

第二,开挖土方附近不得有重物及易坍落物。

第三,在挖土过程中,随时注意观察土质情况,要有合理的边坡。必须垂直下挖者,松软土不得超过 $0.7\ \mathrm{m}$,中等密度土不超过 $1.25\ \mathrm{m}$,坚硬土不超过 $2\ \mathrm{m}$,超过以上数值的需设支撑板或保留符合规定的边坡。

第四,挖方工人不得在土壁下向里挖土,以防坍塌。

第五,在坡上或坡顶施工者,要注意坡下情况,不得向坡下滚落重物。

第六,施工过程中注意保护基桩、标高桩或龙门板。

2.机械施工

主要施工机械有推土机、挖土机等。在园林施工中,推土机应用较广泛。例如,在挖掘水体时,用推土机推挖,将土推至水体四周,再行运走或堆置地形。最后岸坡用人工修整。用推土机挖湖堆山效率较高,但应注意以下两个方面。

(1)推土前应识图或了解施工对象的情况

在动工之前,应向推土机手介绍拟施工地段的地形情况及设计地形的特点,最好结合模型,使之一目了然。另外,还要介绍实地定点放线情况,如桩位、施工标高等。这样一来,推土机手心中有数,便能得心应手地按照设计意图去塑造地形。这一点对提高施工效率有很大帮助,这一步工作做得好,在修饰山体(或水体)时便可以省去许多劳力、物力。

(2)注意保护表土

在挖湖堆山时,先用推土机将施工地段的表层熟土(耕作层)推到施工场地外围,待地形整理停当,再把表土铺回来。这样做较麻烦、费工,但对公园的植物生长却有很大好处,有条件之处应该这样做。

(三)土方的运输

一般竖向设计都力求土方就地平衡,以减少土方的搬运量。土方运输是较艰巨的劳动,人工运土一般都是短途的小搬运。"车运人挑"这种方法在一些局部或小型施工中还经常被采用。

运输距离较长的,最好采用机械化或半机械化运输。无论是车运还是人挑,运输路线的组织都很重要,卸土地点要明确,施工人员要随时指点,避免混乱和窝工。如果使用外来土垫地堆山,运土车辆要设专人指挥,卸土的位置要准确,否则乱卸乱堆,必然会给下一步施工增加许多不必要的小搬运,从而浪费了人力、物力。

(四)土方的填筑

填方应该满足工程的质量要求。土壤的质量要根据填方的用途和要求加以选择,如在绿化地段土壤应满足种植植物的要求,而作为建筑用地则要以地基的稳定性为原则。利用外来土垫地堆山,对土质应该检定放行,劣质土及受污染的土壤不应放入园内,以免将来影响植物的生长和妨害游人健康。填筑时应注意以下几点:

第一,大面积填方应该分层填筑,一般每层20～50 cm,有条件的应层层压实。

第二,对于斜坡,为防止新填土方滑落,应先把土坡挖成台阶状,然后再填方。这样可保证新填土方的稳定。

第三,土方的运输路线和下卸位置,应以设计的山头为中心并结合来土方向进行安排,一般以环形线为宜。车(或人)满载上山,将土卸在路两侧,空载的车(或人)沿路线继续前行下山。这样车(或人)不走回头路、不交叉穿行,所以不会拥挤。随着卸土量增加,山势逐渐升高,运土路线也随之升高,这样既组织了车流(或人流),又使土山分层上升。部分土方边卸边压实,这不仅有利于山体的稳定,山体表面也较自然。如果土源有几个来向,运土路线可根据设计地形特点安排几个小环路,小环路以人流和车辆不相互干扰为原则。

（五）土方的压实

人力夯压可用夯、硪、碾等工具;机械碾压可用碾压机或拖拉机带动的铁碾。小型的夯压机械有内燃夯、蛙式夯等。在压实过程中应注意以下几点:

第一,压实工作必须分层进行。

第二,压实工作要注意均匀。

第三,压实松土时夯压工具应先轻后重。

第四,压实工作应自边缘开始逐渐向中间收拢,否则边缘土方外挤易引起坍落。

第五,如果土壤过分干燥,需先洒水湿润后再行压实。

（六）土壁支撑

土壁主要是通过壁体内的黏结力和摩擦阻力保持稳定的,一旦受力不平衡就会出现塌方,不仅会影响工期,还会危及附近的建筑物,造成人员伤亡。出现土壁塌方主要有以下四个原因:

第一,地下水、雨水将土地泡软,降低了土体的抗剪强度,增加了土体的自重,这是出现塌方的最常见原因。

第二,坡过陡导致土体稳定性下降,尤其是开挖深度大、土质差的坑槽。

第三,土壁刚度或支撑强度不足导致塌方。

第四,将机具、材料、土体堆放在基坑上口边缘附近,或者车辆荷载的存在导致土体的剪应力大于土体的抗剪强度。

为了确保施工的安全性,基坑的开挖深度到达一定限度后,土壁应该放足边坡,或者利用临时支撑稳定土体。

（七）施工排水与流沙防治

在开挖基坑或沟槽时,往往会破坏原有地下水文状态,可能出现大量地下水渗入基坑的情况。雨季施工时,地面水也会大量涌入基坑。为了确保施工安全,防止边坡垮塌事故发生,必须做好基坑降水工作。此外,水在土体内流动还会造成流沙现象。如果动水压力过大,在土中就可能发生流沙现象。所以防治流沙就要从减小或消除动水压力入手。防治流沙的方法主要有水下挖土法、打板桩法、地下连续墙法、井点降水法等。

水下挖土法的基本原理是使基坑内外的水压互相平衡,从而消除动水压力的影响。如沉井施工,排水下沉,进行水中挖土、水下浇筑混凝土,是防治流沙的有效措施。

打板桩法的基本原理是将板桩沿基坑周遭打入,从而截住流向基坑的水流。但是此法需注意,板桩只有深入不透水层才能发挥作用。

地下连续墙法的基本原理是沿基坑的周围浇筑一道钢筋混凝土的地下连续墙,以此起到承重、截水和防流沙的作用。

井点降水法的基本原理是在基坑开挖前,预先在基坑四面埋设一定数量的滤水管,利用抽水设备从中抽水,使水位降低到坑底以下,在基坑开挖过程中仍不断抽水,使所挖的土始终保持干燥,从而防止流沙发生。该法虽施工复杂,造价较高,但是能对深基坑施工工程起到很好的保护作用。

第三节　园林绿化与假山工程施工

一、园林绿化工程施工

(一)园林绿化工程的概念

园林工程包括水景、园路、假山、给排水、造地形、绿化栽植等多项内容。但无论哪一项工程,从设计到施工都要着眼于完工后的景观效果,营造良好的园林景观。园林绿化工程是园林工程的重要部分,具有调节人类生活和自然环境的功能,发挥着生态、审美、游憩三大效益,起着悦目怡人的作用。它包括栽植和养护管理两项工程,这里所说的"栽植"是指广义上的栽植,包括"起苗""搬运""种植"三个基本环节的作业。绿化工程的施工对象是植物,有关植物栽植的不同季节、植物的不同特性、植物造景方法、植物与土质的相互关系以及防止树木植株枯死的相应技术等,园林绿化人员均需要认真研究,以发挥园林绿化工程良好的绿化效益。

(二)园林绿化工程的特点

1. 园林绿化工程的艺术性

园林绿化工程不仅仅是一座简单的景观雕塑,也不仅仅是一片绿化的植被,它还是具有一定的艺术性的。这样才能在净化空气的同时,还能够带给人们感官的愉悦和精神上的享受。自然景观还要充分与人造景观相融相通,满足城市环境的协调性的需求。设计人员在最初进行规划时,就可以先进行艺术效果上的设计。在施工过程中,还可以通过施工人员的直觉和经验进行设计上的修饰。尤其是在古典建筑或者标志性建筑周围建设园林绿化工程的时候,更要讲究其艺术性。要根据施工地的不同环境和不同文化背景进行设计。不同的设计人员会有不同的灵感和追求,施工人员的经验和技能也是有所差别的,因此有关设计和施工人员要不断提升自己的艺术性和技能,这也是对园林绿化人员提出的要求。

2. 园林绿化工程的生态性

园林绿化工程具有强烈的生态性。现代化进程的不断推进,使人口与资源、环境的发展极其不协调,人类生存环境的质量一再下降。生态环境的破坏已经带来了一系列的负面效应,直接影响了人们的身体健康和精神追求,也间接地使经济的发展受到了限制。因此,亟须加强城市的园林绿化工程建设力度。园林绿化工程的生态性也成为园林行业关注的焦点。

3. 园林绿化工程的特殊性

园林绿化工程的实施对象具有特殊性。由于园林绿化工程的施工对象都是植物,而它们都是有生命的活体,在培植、运输、栽种和后期养护等各个方面都要有不同的实施方案。施工和设计人员需要具有扎实的植物基础知识和专业技能,对植物的生长习性、种植注意事项、自然因素对其的影响等都了如指掌,这样才能通过植物物种的多样性和植被的特点及特殊功效来合理配置景观,设计出最佳的作品。植物的合理设计和栽种不仅可以净化空气、降温降噪等,还可以为处于喧嚣中的人们提供一份宁静。这也是园林绿化工程跟其他城市建设工程相比突出的特点。

4. 园林绿化工程的周期性

用于园林绿化工程的植被,其季节性较强,具有一定的周期。因此要在一定的时间和适宜的地方进行设计和施工,后期植物的养护管理也一定要做到位,保证植物的完好和正常生长。这是一个长期的任务,同时也是比较重要的环节之一。这种养护具有持续性,需要有关部门合理安排,才能确保景观长久保存,创造最大的景观收益。

5. 园林绿化工程的复杂性

园林绿化工程的规模一般很小,却需要分成很多个小的项目,施工时的工程量也小而散。这就给施工过程的监督和管理工作带来了一定的难度。在设计和施工前要认真挑选合适的施工人员。施工人员不仅要掌握足够的专业施工知识,还要对园林绿化知识有一定的了解,最后还要具备一定的专业素养和德行,避免施工单位和个人在施工时偷工减料和投机取巧,确保工程的质量。现在的城市中需要绿化的地点有很多,比如公园、广场、小区甚至是道路两旁等,园林绿化工程的形式也越来越多样化,因此今后园林绿化工程的复杂程度也会逐渐提高,这也对园林施工单位和施工人员提出了更高的要求。

(三)园林绿化工程的作用

园林绿化工程能对原有的自然环境进行加工美化,在维护的基础上再创美景,用模拟自然的手段,人工地重建生态系统;在合理维护自然资源的基础上,增加植被在城市中的覆盖面积,美化城市居民的生活环境。园林绿化工程能为人们提供健康绿色的生活地、休闲场所,在发挥绿化功能的同时,也获得巨大的社会效益。园林绿色工程建造的模拟自然环境的园林能够使植物、动物在一个相对稳定的环境栖息繁衍,为生物的多样性创造相对良好的条件。在可持续发展和城市化的进程中,园林绿色能促进人们的身心健康发展,发扬优秀文化,为城市的发展、人们生活的进步作出贡献。

(四)园林绿化工程的施工技术

1. 园林绿化工程的施工流程

园林绿化工程施工主要由两个部分组成,前期准备和实施方案。其中园林绿化工程的前期准备主要包括三个方面:技术准备、现场准备和苗木及机械设备准备。园林绿化工程的实施方案主要由施工总流程、土质测定及土壤改良、苗木种植工程三部分组成。重点是苗木种植流程,包括选苗—加工—移植—养护四道工序。

2. 园林绿化施工技术的特点

(1)注重施工技术准备工作

施工技术准备是园林绿化工程准备阶段的核心。在拟建工程开工之前,从事施工技术和经营管理的人员应充分了解工程的设计意图、结构与特点和技术要求,作出施工技术工作的科学合理规划,从根本上保证施工质量。在技术措施管理方面,相关人员应注重科技和施工条件的结合,综合考虑技术性和经济性,对技术上的应用给予大幅度的控制。

（2）注重施工配合

园林绿化工程施工的配合在一定程度上反映了施工技术的成熟性和稳定性。很多时候施工的统筹配合对工程项目的成本控制和进度控制是起决定性作用的,所以要明确施工配合要点与施工的多样性、相互性、多变性、观赏性以及规律性。园林绿化工程在施工过程中大多事项是交错进行的,要配合的施工不是单方面的,而是多方面的。

由于施工的交互进行,且施工的进度、质量和条件时刻变化,需要抓好计划组织资源管理以及工艺工序的管理,统一安排施工的计划,强化施工项目部指挥功能。针对施工的协调、管理和服务以及建设单位和监理单位的配合,加大组织计划管理,从而进一步加强施工配合力度。

3. 园林绿化工程施工技术的要点

（1）园林绿化工程施工前的技术要点

一项高质量的园林绿化工程的完成,离不开完善的施工前的准备工作。它是对需要施工的地方进行全面考察后,针对周围的环境和设施进行深入研究,深入了解土质、水源、气候及人力等情况而后进行的综合设计。同时,还要掌握树种及其他植物的特点及适应的环境并对其进行合理配置,要安排好施工的时间,确保工程不延误,这也是植物成活率的重要保证。为了防止苗木在施工时受到季节和天气的影响,要尽量选在阴或多云且风速不大的天气进行栽种。要严格按照设计的要求进行种植,确保翻耕深度。对施工地区要进行清扫,多余的土堆也要及时清理,工作面的石块、混凝土等也要搬出施工地区,最后还要铺平施工地,使其满足种植的需要。

（2）园林绿化工程施工时的技术要点

在施工开始后,要做到的关键部分就是定好点、栽好苗、浇好水等,严格按照施工规定的流程进行施工操作,保证植物正常健康地生长。

首先,行间距的定点要严格进行设计,将路缘或路肩及临街建筑红线作为基线,以图纸要求的尺寸为标准在地面确定行距并设置定点,还要及时做好标记,便于查找。如果是公园地区的建设,要采用测量仪,准确标记好各个景观及建筑物的位置,要有明确的编号和规格,施工时要对植被进行细致的标注。

其次,树木栽植技术也对整个工程的顺利施工有着重要的影响。栽植树木不仅要栽种成活,还要对其形状等进行修剪。整个施工过程难免对植被造成一定的伤害,为了尽早恢复,让树木等能够及时吸收足够的土壤养分,就要进行适时的浇水。通常本年份新植树木的浇水次数在三次以上,苗木栽植当天浇透水一次。如果遇到春季干旱少雨造成土壤干燥的情况还要适当地将浇水时间提前。

（3）园林绿化工程的后期养护工作

后期的养护工作是收尾工作，也是对整个工程的保持。要根据植物的需求，及时对其需要的养分进行适时补充，以免造成植被死亡，影响景观的整体效果。灌溉时，要根据树木的品种及需求适时调整，节约水资源和人力、物力。为了达到更好的美观性和艺术性，一些植物还需要定时进行修剪，这也是养护工作的重要内容。有些植物易受到虫害的侵袭，对于这类植被要及时采取相应措施。除此以外，还有保暖措施等。

二、园林假山工程施工

在中国传统园林艺术理论中，素有"无园不山，无山不石"的说法。假山在园林中的运用在我国有着悠久的历史，随着人们休闲意识的增强，假山更是走进了无数的公园、小区，假山元素在园林中的应用也更为广泛。中国园林追求"虽由人作，宛自天开"的艺术境界，要求假山更加贴近自然，更加真实，要求人工美服从于自然美。

（一）假山及其功能作用

1. 假山的概念

人们通常所说的假山实际上包括假山和置石两个部分。假山，是指以造景、游览为主要目的，充分地结合其他多方面的功能作用，以土、石等为材料，以自然山水为蓝本并加以艺术的提炼、加工、夸张，人工再造的山的通称；置石，是指以山石为材料作独立造景或作附属配置造景的布置，主要表现山石的个体美或局部山石的组合美，不具备完整的山形。一般来说，假山的体量较大而且集中，可观、可游、可赏、可憩，使人有置身于自然山林之感；置石主要是以观赏为主，结合一些功能（如纪念、点景等）方面的作用，体量小且分散。假山按材料不同可分为土山、石山和土石相间的山。置石按运用手法可分为特置、对置、散置、群置等。

为降低假山、置石景观的造价和增强假山、置石景观的整体性，在现代园林中还出现了以岭南园林中灰塑假山工艺为基础的采用混凝土、有机玻璃、玻璃钢等现代工业材料和石灰、砖、水泥等非石材料经人工塑造的山石——塑山。塑山工艺现已成为假山工程的一种专门工艺，这里不再单独探讨。

2. 假山的功能作用

假山和置石因其形态千变万化，体量大小不一，所以在园林中既可以作为主景也可以与其他景物搭配构成景观。如扬州个园以及苏州狮子林总体布局以山为主，水为辅弼，划分和组织空间；利用山石小品点缀园林空间、陪衬建筑和植物；用假山石作花台、石阶、踏跺、驳岸、护坡、挡土墙和排水设施等，既朴实美观，又坚固实用；用山石作室内外自然式家具、器皿、摆设等，如石桌凳、石栏、石鼓、石屏、石灯笼等，既不怕风吹日晒，又增添了几分自然美。

（二）假山工程施工技术

1. 假山的材料选择

我国幅员辽阔，地形地貌复杂，为园林假山建设提供了丰富的材料。古典园林对假山的材料有着深入的研究，充分挖掘了自然石材的园林制造潜力，传统假山的材料大致可分为以下几大类:湖石(包括太湖石、房山石、英石、灵璧石、宣石)、黄石、青石、石笋,还有其他石品,如木化石、石珊瑚、黄蜡石等,这些石种更具特色,有自己的自然特点。园林工程者根据假山的设计要求,采用不同的材料,通过对这些天然石材的组合和搭配,构建起了各具特色的假山。

而现代以来,由于资源的短缺,国家对山石资源进行了保护,自然石种的开采量受到了很大的限制,不能满足园林假山的建设需要。随着技术的日益发展,在现代园林中,人工塑石已成为假山布景的主流趋势。由于人工塑石更为灵活,可根据设计意图自由塑造,所以取得了很好的效果。

2. 施工前的准备工作

施工前首先应认真研究和仔细会审图纸,先做出假山模型以方便之后的施工,做好施工前的技术交底工作,加强与设计方的交流,充分了解设计意图。准备好施工材料(如山石材料、辅助材料)和工具等。对施工现场进行反复勘查,了解场地的大小,当地的土质、地形、植被分布情况和交通状况等。制订合适的施工方案,配备好施工机械设备,安排好施工管理和技术人员等。

3. 假山的施工流程

假山的施工是一个复杂的工程,一般流程为:定点放线→挖基槽→基础施工→拉底→中层施工(山体施工、山洞施工)→扫缝→收顶→做脚→竣工验收→养护期管理→交付使用。其中涉及了许多方面的施工技术,每个环节都有不同的施工方法。

4. 假山景观的基础施工

假山景观一般堆叠较高、重量较大,部分假山景观又会配以流水,加大了对基础的侵蚀。所以首先要将假山景观的基础工程搞好,减少安全隐患,这样才能做出各种假山景观造型。基础施工应根据设置要求进行。假山景观的基础按埋置浓度可分为浅基础和深基础。

5. 假山石景的山体施工

一座假山是由峰、峦、岭、台、壁、谷、壑、洞等单元结合而成的,而这些单元是由各种山石按照起承转合的章法组合而成的。

(1)安

"安"是对稳妥安放、叠置山石手法的通称。将一块大山石平放在一块或几块大山石之上的叠石方法叫作"安","安"要求山石平稳而不能动摇;不稳之处要用小石片在下方垫实刹紧。一般选用宽形或长形山石,这种手法主要用于山脚透空且需要做眼的地方。

(2)连

山石之间水平方向的相互衔接称为"连"。相连的山石石基连接处的茬口形状和石面皱纹要尽量吻合,如果能做到严丝合缝最理想,当然多数情况下,只要基本吻合即可。对于不能吻合的缝口应选用合适的山石刹紧,使之合为一体。有时为了造型的需要,会做成纵向裂缝或石缝处理,这时也要求朝里的一边连接好。连接的目的不仅在于求得山石外观的整体性,更主要的是为了使结构凝为一体,以能均匀地承受和传递压力。连接好的山石,要做到当拍击山石一端时,相连的另一端有受力之感。

(3)接

"接"是指山石间的竖向衔接。山石衔接的茬口可以是平口,也可以是凹凸口,但一定是咬合紧密而不能有滑移的接口。衔接的山石要依皴纹连接,至少要按横竖纹路来连接。

(4)斗

以两块分离的山石为底脚,顶部相互内靠,如同两者争斗状,并在两顶之间安置一块连接石;或借用斗栱构件的原理,在两块底脚石上安置一块拱形山石。

(5)挎

"挎"即在一块大的山石之旁,挎靠一块小山石,犹如人在肩上挎包一样。挎石要充分利用茬口咬压,或借用上面山石的重力加以稳定。必要时应在受力隐蔽处,用钢丝或铁件加装固定连接。"挎"一般用于山石的外轮廓形状过于平滞而缺乏凹凸变化的情况。

(6)拼

将若干小山石拼零为整,组成一块具有一定形状的大石面的做法称为"拼"。假山景观一般不会用大山石叠置而成,石块过大,吊装、运输都有困难,因此需要选用一些大小不同的山石,拼接成所需要的形状,如峰石、飞梁、石矶等都可以采用"拼"的方法做成。有些假山景观在山峰叠砌好后,突然发现峰体太瘦,缺乏雄壮气势,这时就可将比较合适的山石拼合到峰体上,使山峰雄厚壮观起来。

6. 假山景观的山脚施工

假山景观的山脚是直接落在基础之上的山林底层,它的施工分为拉底、起脚和做脚三部分。

(1)拉底

拉底是指用山石做出假山景观底层山脚线的石砌层。

①拉底的方式:拉底的方式有满拉底和线拉底两种。满拉底是指在山脚线范围之内用山石满铺一层。这种方式适用于规模较小、山底面积不大的假山景观,或者容易遭遇冻胀破坏的北方地区及地震破坏的地区。线拉底是指在山脚线的周边铺砌山石,而内空部分用乱石、碎砖、泥土等填补筑实。这种方法适用于底面较大的大型假山景观。

②拉底的技术要求:底脚石应选择石质坚硬、不易风化的山石。每块底脚石必须垫平垫实,用水泥砂浆将底脚空隙灌实,不得有丝毫摇动感。各山石之间要紧密咬合,互相连接形成整体,以承托上面山体的荷载。拉底的边缘要错落变化,避免做成平直和浑圆形状的脚线。

(2)起脚

拉底之后,砌筑的假山景观山体的首层山石层叫作起脚。起脚边线常用的做法有点脚法、连脚法和块面法。

①点脚法:即在山脚的边线上,用山石每隔不同的距离做一个墩点,再把片块状

山石盖在上面,做成透空的小洞穴。这种做法多用于透空型假山景观的山脚。

②连脚法:即沿山脚边线连续摆砌弯弯曲曲、高低起伏的山脚石,从而形成整体的连线山脚线。这种做法各种山形都可采用。

③块面法:即用大块面的山石连续摆砌成凹凸程度明显的山脚线,使凸出和凹进部分的整体感都很强。这种做法多用于造型雄伟的大型山体。

(3)做脚

做脚是指用山石砌筑成山脚。在假山景观的上部山形山势大体施工完成后,紧贴起脚外缘部分拼叠山脚,以弥补起脚造型的不足。

7. 施工中的注意事项

第一,施工中应注意按照施工流程的先后顺序施工,自下而上。分层作业,必须在保证上一层全部完成、胶结材料凝固后才能进行下一层的施工,以免留下安全隐患。

第二,施工过程中应注意安全,"安全第一"的原则在假山工程施工中应受到高度重视。对于结构承重石必须小心挑选,保证有足够的强度。在叠石的施工过程中应争取一次成功,吊石时在场工作人员应统一指令,挂石、打扣、起吊一定要牢靠,工人应戴好防护鞋帽,保证做到安全施工。

第三,要在施工的全过程中对施工的各工序进行质量监控,做好监督工作,发现问题及时改正。在假山工程施工完毕后,应对假山进行全面的验收,应开闸试水,检查管线、水池等是否漏水漏电。竣工验收与备案程序应按法律规范和合同约定进行。

假山景观是将各种奇形怪状、观赏性高的石头,按层次、特点进行堆叠而形成山的模样,再加以人工修饰,以达到置山于园的观赏效果。在园林中假山景观的表现形式多种多样,可作为主景也可以作为配景,能划分园林空间、布置道路和连廊等,再配以流水、绿草,更能增添自然的气息。

第四节 园林铺装与给水排水工程施工

一、园林铺装工程施工

(一)园林铺装的作用

1. 提供休息、活动、集散的场所

园林铺装的主要功能就是它的实用性,以道路、广场、活动空间的形式为游人提供一个停留和游憩空间,往往结合园林的其他要素如植物、园林小品、水体等,构成立体的外部空间环境。

2. 美化环境,丰富地面景观

园林铺装可以覆盖裸露的地表,美化园林的空间底界面。园林铺装可以作为主景的背景,起到衬托主景、突出主题的作用。

3. 科普教育,增添审美情趣和提高文化素养

园林铺装往往具有丰富的图案,取材于当地的民俗文化、历史典故、吉祥图案、重

大事件,或表现主题,或表达信念,在提升园林铺装美学价值的同时起到传递场地信息和科普教育的作用。

4. 功能暗示,引导游览

园林铺装可以通过不同铺装的色彩、质感和肌理来暗示使用空间的差异和变换,使人能根据不同园林铺装的差异化提示,使用满足自己要求的园林空间。园路铺装的样式往往具有明显的导向性,有利于联系各个功能区域,保持景观的连续性和完整性。

（二）园林铺装工程施工的工艺流程

现代园林绿化中的铺装工程施工工艺流程为:砼基层施工→侧石安装→板材铺装施工。

（三）园林铺装工程的施工技术

园林铺装工程主要是指园林建园中的园路和广场的铺装,而在园林铺装中又以园路的铺装为主。园林铺装是组成园林风景的要素,像脉络一样成为贯穿整个园区的交通网络,成为划分及联系各个景点、景区的纽带。园路在铺装后,不仅能在园林环境中起到引导视线、分割空间及组织路线的作用,还能直接创造出优美的地面景观,增强园林的艺术效果,给人以美的享受。园路与一般交通道路不同,交通功能需先满足游览需求,即不以取得捷径为准则,但要利于人流疏导。在园林设计中,园路经常与植物、景石、建筑、湖岸相搭配,使园林充满生活气息,营造出良好的气氛。园林建设中有各种各样的铺装材料,与之对应的施工方法和工艺也有所不同。下面就园路的铺装技术进行详细的探讨。

1. 施工准备

（1）材料准备

园路铺装材料的准备工作在铺装工程中属于工作量较大的任务之一。为防止在铺装过程中出现问题,须提前解决施工方案中园路与广场交接处的过渡问题以及边角的方案调节问题。为此在确定解决方案时应根据道路铺装的实际尺寸在图上进行放样,待确定解决方案再确定边角料的规格、数量以及各种花岗岩的数量。

（2）场地放样

以施工图上绘制的施工坐标方格网为参照,在施工场地测设所有坐标点并打桩定点,然后根据广场施工图以及坐标桩点,进行场地边线的放设。主要边线包括填方区与挖方区之间的零点线以及地面建筑的范围线。

（3）地形复核

以园路的竖向设计平面图为参照,对场地地形进行复核。若存在控制点或坐标点的自然地面标高数据的遗漏,应及时在现场测量,将数据补上。

（4）场地的平整与找坡

①填方与挖方施工:对于填方应以先深后浅的堆填顺序进行,先分层将深处填实,再填实浅处,并要逐层夯实,直至填埋至设计标高为止。在挖方过程中对于适宜栽植的肥沃土壤不可随意丢弃,可将其作为种植土或花坛土使用,挖出后应临时将其

堆放在广场边。

②场地平整及找坡:待填挖方工程基本完成后,须对新填挖出的地面进行平整处理,地面的平整度变化应控制在 0.05 m 的范围内。为保证场地各处地面的坡度满足基本设计要求,应参照各坐标点标注的设计坡度数据及填挖高度数据,对填挖处理后的场地进行找坡。

③素土夯实:素土夯实作为整个施工过程中重要的质量控制环节,首先要先清除腐殖土,以免留下日后地面下陷的隐患。对于场地的基础开挖,应在机械开挖时预留 10～20 cm 厚的余土由人工开挖。在开挖过程中若出现开挖过深的情况,不得使用细石或素土等填料进行回填。当开挖深度达到设计标高后,应用打夯机对素土进行夯实,使其密实度能够满足设计要求。若在夯实过程中无法看出打夯机的夯头印迹,可使用环刀法对其进行密实度测试。若密实度未能达到设计要求,应继续夯实,直至达到设计要求为止。

2. 地面施工

(1)摊铺碎石

在夯实后的素土基础上可放置几块 10 cm 左右的砖块或方木进行人工碎石摊铺。这里需要注意的是严禁混用软硬不同的石料,且使用碎石的强度不得低于 8 级。摊铺时砖块或方木随着移动,作为摊铺厚度的标定物。摊铺时应使用铁叉将碎石一次上齐。碎石摊铺完成后,要求碎石颗粒大小分布均匀,且纵横断面与厚度一致。料底尘土应及时进行清理。

(2)碾压

碾压时采用 10～12 t 的压路机碾压,先沿着修整过的路肩往返碾压两遍,再由路面边缘向中心碾压。碾压时碾速不宜过快,每分钟行进 20～30 m 即可。待第一遍碾压完成后,可使用小线绳及路拱桥板进行路拱和平整度的检验。若发现局部有不平顺的地方,应及时处理,去高垫低。垫低是指将低洼部分挖松,再在其上均匀铺撒碎石直至达到设计标高,洒上少量水后继续进行碾压,直至碎石无明显位移、初步稳定为止。去高时不得使用铁锹集中铲除,而是将多余碎石按其颗粒大小均匀捡出,再进行碾压。这个过程一般需要重复 3～4 次。

(3)撒填充料

在碎石上均匀铺撒灰土(掺入 8%～12% 的石灰)或粗砂,填满碎石缝后使用喷壶或洒水车在地面上均匀洒水一次。被水流冲出的缝隙再用灰土或粗砂填充,直至不再出现缝隙并且碎石尖裸露为止。

(4)压实

使用 10～12 t 的压路机将场地再次压实,一般碾压 4～6 遍(根据碎石的软硬程度确定)。为防止石料被碾压得过于破碎,碾压次数切勿过多,碾速相对初碾时稍快,一般为 60～70 m/min。

(5)嵌缝料的铺撒碾压

待大块碎石的压实工作完成后,铺撒嵌缝料并用扫帚扫匀,继而使用 10～12 t 的压路机对其进行碾压，直至场地表面平整稳定且无明显轮迹为止，一般需碾压 2～3 遍。最后进行场地地面的质量鉴定和验证。

3. 稳定层施工

基层施工完成后，根据设计标高，每隔 10 cm 进行定点放线。边线应放设边桩和中间桩，并在广场的整体边线处设置挡板。挡板高度不应太高，一般在 10 cm 左右。挡板上应标明标高线。

各设计坐标点的标高和广场边线经检查、复核无误后，方可进行下一道工序。

在基层混凝土浇筑之前，应在其上洒一层砂浆（比例为 1∶3）或水。

混凝土应按照材料配合比进行配制，浇筑和捣实完成后使用长约 1 m 的直尺将混凝土顶面刮平。待其表面稍许干燥后，再用抹灰砂板将其刮平至设计标高。在混凝土施工中应着重注意路面的横向和纵向坡度。

待完成混凝土面层的施工后，应及时进行养护。养护期一般为 7 天，若为冬季施工则应适当延长养护期。养护时可使用湿砂、塑料薄膜或湿稻草覆盖在路面上。

4. 石板铺装

石板铺装前应先将背面洗刷干净，并在铺贴时保持湿润。

在稳定层施工完成后进行放线，并根据设计坐标点和设计标高设置纵向桩和横向桩。每隔一块石板宽度画一条纵向线，横向线则按照施工进度依次下移，每次移动的距离为单块板的长度。

稳定层打扫干净后，洒水一遍，待其稍干后再在稳定层上平铺一层厚约 3 cm 的干硬性水泥砂浆（比例为 1∶2），铺好后立即抹平。

在铺石板前应先在稳定层上再浇一层薄薄的水泥砂浆，按照设计图施工，石板间的缝隙应按设计要求保持一致。铺装面层时，每拼好一块石板，须将平直木板垫在其顶面，用橡皮锤在多处敲击，这样可使所有石板的顶面均在一个平面上，有利于场地的平整。

路面铺装完成后，使用干燥的水泥粉均匀撒在路面上并用扫帚扫入板块空隙中，将其填满。最后再将多余的水泥粉清扫干净。施工完成后，应对场地多次进行浇水养护，直至石板下的水泥砂浆硬化，将下方稳定层与花岗岩紧密联结在一起。

二、园林给水排水工程施工

(一)园林给排水工程的定义

园林给排水与污水处理工程是园林工程中的重要组成部分之一，必须满足人们对水量、水质和水压的要求。水在使用过程中会受到污染，而完善的给排水工程及污水处理工程对园林建设及环境保护具有十分重要的作用。

1. 园林给水工程

(1)园林给水工程的功能和作用

为了安全可靠和经济合理地用水，为园林景观区内供应生活与服务经营活动所需的水，并满足对水质、水量、水压的标准要求，园林给水工程的水源有三种，即来自地表水、来自地下水和引用邻近城市自来水。

（2）园林给水工程的特点

园林给水工程的特点有用水管网线路长、面广、分散以及由于地形高度不一而导致的用水高程变化大。用水水质可据用途不同分别对待处理，在用水高峰期应采取时间差的供给管理办法，饮用水以优质天然山泉水为最佳。

（3）园林给水工程的用途

在园林工程的给水过程中，为节约用水，应该加强对水的循环使用。具体对水的用途大致可分为以下四项内容。生活用水如宾馆餐厅、茶室、超市、消毒饮水器以及卫生设备等的用水，养护用水如植物绿地灌溉、动物笼舍冲洗及夏季广场、园路的喷洒用水等，造景用水如水池、池塘、湖、水道、溪流、瀑布、跌水、喷泉等水体用水以及消防用水如对园林景观区内建筑、绿地植被等设施的火灾预防和灭火用水。

2. 园林排水工程

（1）园林排水工程的含义

水在园林景观区内经过生活和经营活动过程的使用会受到污染，成为污水或废水，须经过处理才能排放。为减轻水灾害的程度，雨水和冰雪融化水等也需及时排放，只有配备完善的灌溉系统，才能有组织地对其加以处理和排放，这就是园林排水工程。

（2）适用排水方式

园林排水工程根据实际情况，可采用渠、沟、管相结合的排水方式。

园林给排水工程以在室外配置完善的管渠系统进行给排水为主，包括园林景观区内部生活用水与排水系统、水景工程给排水系统、景区灌溉系统、生活污水系统和雨水排放系统等。同时还应包括景区的水体、堤坝、水闸等附属项目。

一个良好的给排水系统可以为人们的生活提供便利。作为公共休闲场所的园林，在人们的生活中不可或缺，因此加强对园林给排水工程的施工工艺的研究，为园林工程建造一个完善的给排水系统是非常必要的。这有利于为人们构建一个和谐生态的生活环境。

（二）园林给排水工程的施工工艺

1. 园林给水工程的施工工艺

（1）园林给水的特点

园林作为公共休闲场地，它的给水系统自有其特点。园林中各用水点较为分散，而园林一般地形起伏较大，所以各用水点高程变化也大，必要时，要安装循环水泵对水体进行加压，以保证各个用水点能有良好的供水。公园中景点多，各种公共场所也多，而这些地点的用水高峰期并不一样，就可以分流错开时间供水，既能保证用水量和用水质量，又不会影响其他部门供水。水在公园中不可缺少，但各个部门对于水的用途却不一样，因此对水质的要求也不一样。比如食堂、茶社等地的用水，作为饮食用水，对水质的要求自然高，一般以水质较好的山泉为佳，当条件不够时，还需考虑从外地引入山泉；养护用水则只需要对植物无害、没有异味、不污染环境即可；造景用水可从附近的江河湖泊等大型水源处引入。必须注意的是,对于生活用水特别是饮用水,必须经过严格净化和消毒,各项标准达到国家相关规定时才可使用。

（2）园林管网的布置与规划

在布置公园给水管网时,园林工作者不仅要考虑园内各项用水的特点,还需考虑公园四周的水源及给水管网布置情况,它们往往也会左右管网的布置方式。一般情况下,处于市区的公园给水管,只需一个接水点即可。这样既能节约管材,又能减少水头损失。

（3）给水管网的安排形式

进行管网布置时,应首先求出各点的用水量,按用水量进行布管。

①树枝式管网的布置方式简单,节省管材。因其布线形式就像树枝的分叉分支,故称其为树枝式管网。它适用于用水较为分散的情况,比如分期发展的大小型公园。但当树枝式管网出现问题时,影响的用水面会很大,要避免这个弊端,就需要安装大量的阀门。

②球状管网这种形式的管网很费管材,故投资较大。它把给水管网设计成闭合成环的形式,方便管网供水的相互调剂。这种管网还有一个优点就是当某一段出现故障时也不会影响其他管线的供水,从而提高管网供水效率。

安装球状管网时,有以下几点需要注意:支管要靠近主要的供水点及调节设施,如水塔及其他高水位池。支管布置宜避开地形复杂、难于施工的地段,尽量随地形起伏布置,以减少工程的土石方量,当然布置的时候,需要以保证管线不受冻为前提;管道不宜埋设过浅,其覆土深度应不小于 70 cm。对于高寒冻结地区的管道,要埋设于冰冻线以下 40 cm 处;当然,管道也不应埋得过深而增大工程造价。支管应尽量避免穿越园路,最好埋设在绿地下面。管道与管道及其他管线之间的间距要符合规范要求。水管网的节点处要设置阀门井,以方便检修,并在配水管上安装消火栓。

2. 园林排水工程的施工工艺

（1）地面排水

在我国,大部分公园都以地面排水方式为主,辅以沟渠、管道及其他排水方式。这种方式既经济,又便于维修,对景观效果的影响也较少。地面排水可归结为五个部分,即拦、阻、蓄、分、导。"拦"就是把地表水拦截在某一局部区域;"阻"即在径流经过的路线上设置障碍物挡水,这种方式有利于干旱地区园林绿地的灌溉;"蓄"是采取一些设施进行蓄水,还可以备不时之需;"分"即将大股的地表径流多次分流,减少其潜在的危害性;"导"是把多余的地表水和大股径流利用各种管沟排放到园外去。但地面排水有一个弊端,就是容易导致冲蚀。为解决这个问题,在园林及管线设计施工时,首先要注意控制地面的坡度不致过大而增加水土流失;其次,同一坡度的坡长不宜过长,地形应有起伏;最后,要利用植物护坡防止地面冲蚀,一方面植物根部能起到固定土壤的作用,另一方面植物本身也有阻挡雨水、减缓径流的作用,所以这是防止地面冲蚀的一个重要手段。

（2）管渠排水

园林绿地一般采用地面排水方式，但在一些局部区域，比如广场周围等难以利用地面排水的地方，则需采用开渠排水或者设置暗沟排水的方式。这些沟渠中的水可分别直接排入附近水体或雨水管中，不需要配备完整的系统。管渠的设置要求如下：雨水管的最小覆土深度不小于 0.7 m，具体按雨水连接管的坡度、外部荷载而定，特殊情况下，还得考虑冰冻深度。道路边沟的最小坡度为 0.000 2°；梯形明渠为 0.000 2°。在自然条件下，各种管道的流速不小于 0.75 m/s，明渠不小于 0.4 m/s。雨水管和雨水口连接管的最小管径也需符合规范要求，公园绿地的径流中枯枝落叶及夹带的泥沙较多，容易造成管道堵塞，因此最小管径可适当放大。

（3）暗沟排水

暗沟排水这种方式适用于水流较大处，一般是在路边的地下挖沟、垒筑，把雨水引至排放点后设置雨水口埋管将水排出，或者再挖地下暗沟以排除地下水。这种方式取材方便，造价低廉，且保持了地面的完整性，不影响景观效果，尤其适用于公园草坪的排水。

（三）园林给排水施工技术

从水源取水，并根据园林各个用水环节对水质要求的不同分别进行对应的处理，然后将之送至各个用水点，这是给水系统。而利用管道以及地面沟渠等方式将各个用水点排出的水集中起来，经过处理之后再进入环境水体的过程则是排水系统。园林的给排水系统在园林生态系统的正常运转过程中发挥着重要作用，因此针对园林给排水工程的施工特点，提高给排水施工的技术水平对于保证园林的建设水平具有重要作用。

1.园林给排水工程的施工特点

园林由于建设需要，通常其地面高低起伏较多，因此在给排水系统中需要设置数量较多的循环泵对水体进行加压，以保证整个给排水系统得以正常运转。同时，由于园林涉及的项目较多，尤其是一些大型园林，其中就包括动物园等，其在早晚打扫以及动物饮水时需要大量的水，因此给排水系统应该能够满足各个时段的用水需求。另外，由于各个区域对水质的要求不同，给排水系统在设计过程中应该根据水体的种类进行分类施工，这样才能确保园林工程的给排水系统满足其对多种水质的不同要求。

2.园林给水系统的施工技术

在施工园林的给水管网时，除了要详细分析园区内的用水特点之外，还需要有效地了解园林四周给水的情况，因为其会对给水网的布置路径和布置方式带来非常直接的影响。一般情况下，园林存在于市区内部，在对给水进行引入的时候可以从一个接水点来予以完成，这样不仅能节省管网，还能降低水头的损失，将节能的作用发挥出来。

就园中植物的灌溉用水而言，现阶段施工技术主要在喷灌系统上进行了使用。拉胶皮管是传统园林喷灌一直以来使用的方式，这样不但容易给花木带来损伤，而且较大地消耗了劳动力,此外,也会给水资源带来较大的浪费。近年来,我国的城镇建设进入一个新的阶段,绿地的面积不断增加,将较高的要求抛向了绿地的质量,在园林灌溉的需求上这种原始的灌溉方式已经很难给予满足。因此,园林工作者开始将自动化的喷灌系统引入城市园林灌溉系统,可以将城市河流作为系统水源,也可以选择护坡工程。在具体的建设当中,园林工作者需要按照具体的情况,将一个完善的供水网络建立起来。

在布置管网的时候,园林工作者可以同时使用树枝式的管网和球状的管网,在设计施工的时候需要综合地进行使用。

3. 园林排水系统的施工技术

（1）地面排水

地面排水是园林排水的方式之一,在整个排水系统中有着非常重要的地位和作用,在进行使用的过程中有着较大的经济性。

出于可维修性、生态环境综合效益和经济性等方面的综合考虑,我国很多的园林工程都使用了地面排水,并将其当作一种重要的排水方式。此外,还有一些辅助的排水方式,如沟渠排水、河管道排水。这样,一个综合性的排水管网就被构建了起来。

（2）管渠排水

园林工程通常用地面排水方式排出园林中的水。然而,在一些部位,如广场的四周,地面排水的方式应用起来会非常不方便。这时可采取开渠排水方式,或将暗沟设置出来,将这些沟渠中的水分别直接排入附近水体的水管。

第五节　园林供电与照明工程施工

一、供电设计与照明设计

供电,是指将电能通过输配电装置安全、可靠、连续、合格地销售给广大电力客户,满足广大客户经济建设和生活用电的需要。供电机构有供电局和供电公司。

照明是利用各种光源照亮工作和生活场所或个别物体的措施。利用太阳和天空光的称"天然采光";利用人工光源的称"人工照明"。照明的首要目的是创造良好的可见度和舒适愉快的环境。

照明设计可分为室外照明设计和室内灯光设计。灯光设计也是照明设计,灯光是一个较灵活及富有趣味的设计元素,可以成为气氛的催化剂,是一室的焦点及主题所在,也能加强现有装潢的层次感。

随着社会经济的发展,人们对生活质量的要求越来越高,园林中电的用途已不再仅仅是提供晚间道路照明。各种新型的水景、游乐设施、新型照明光源等,无不需要电力的支持。

在进行园林有关规划设计时,园林工作者首先要了解当地的电力情况,包括电压的等级、电力设备的装备情况（如变压器的容量、电力输送等）,这样才能做到合理用电。

园林照明是室外照明的一种形式,在设置时应注意与园林景观相结合,以最能突出园林景观特色为原则。在光源的选择上,要注意利用各类光源显色性的特点,突出要表现的色彩。在园林中常用的照明电光源除了白炽灯、荧光灯以外,一些新型的光源如汞灯(目前园林中使用较多的光源之一,能使草坪、树木的绿色格外鲜艳夺目,使用寿命长、易维护)、金属卤化物灯(发光效率高,显色性好,但没有低瓦数的灯,使用受到一定限制)、高压钠灯(效率高,多用于节能、照度要求较高的场合,如道路、广场等,但显色性较差)亦在被应用之列。但使用气体放电灯时应注意防止频闪效应。园林建筑的立面可用彩灯、霓虹灯、各式投光灯进行装饰。在灯具的选择上,其外观应与周围环境相配合,艺术性要强,有助于丰富空间层次,保证安全。

园林供电与园林规划设计有着密切的联系,园林供电设计的内容应包括:确定各种园林设施的用电量;选择变电所的位置、变压器容量;确定低压供电方式;导线截面选择;绘制照度布置平面图、供电系统图。

二、园林供电与照明施工技术

(一)园林供电工程施工技术

1. 管线敷设

(1)电线管、钢管敷设

①选用电线管、钢管暗敷,施工按照电线管、钢管敷设分项工程施工工艺标准进行。要严把电线管、钢管进货关,接线盒、灯头盒、开关盒等均要有产品合格证。

②预埋管要与土建施工密切配合,先满足水管的布置要求,再安排电气配管位置。

③暗配管应沿最近线路敷设并减少弯曲,弯曲半径不应小于管外径的10倍,与建筑物表面的距离不应小于15 mm。进入落地式配电箱,管口应高出基础面50～80 mm;进入盒、箱,管口应高出基础面50～80 mm,高出内壁3～5 mm。

(2)穿线

①管内穿线要严把电线进货关,电线的规格型号必须符合设计要求,并有出厂合格证,到货后检查其绝缘电阻、线芯直径、材质和每卷的重量是否符合要求。应按管径的大小选择相应规格的护口,尼龙压线帽、接线鼻子等规格和材质均要符合要求。

②管内穿线应在建筑结构及土建施工作业完成后进行,选穿带线,用直径为1.2～2.0 mm的铁丝,两端留10～15 cm的余量,然后清扫管道、开关盒、插座盒等上覆盖的泥土、灰尘。

③穿线时注意同一交流回路的导线必须穿于同一管内,不同回路、不同电压的交流与直流的导线不得穿入同一管内,但以下几种情况除外:标准电压为50 V以下的回路;同一设备或同一流水作业设备的电力回路和无特殊防干扰要求的控制回路;同一花灯的几个回路;同类照明的几个回路,且管内的导管总数不多于8根。

④导线预留长度:接线盒、开关盒、插座盒及灯头盒的导线预留长度为15 cm,配电箱内的导线预留长度为箱体周长的1/2。

2. 配电柜(箱)安装

(1)开箱检查

配电柜(箱)到达现场应与业主、监理共同进行开箱检查、验收。配电柜(箱)包装及密封应良好,制造厂的技术文件应齐全,型号、规格应符合设计要求,附件、备件齐全。主体外观应无损伤及变形,油漆完好无损,柜内元器件及附件齐全,无损伤等缺陷。

(2)配电柜(箱)的固定

先按图纸规定的顺序将柜(箱)做好标记,然后放置到安装位置上固定。盘面每米高的垂直度应小于1.5 mm,相邻两盘顶部的水平偏差应小于2 mm。柜(箱)安装要求牢固、连接紧密。柜(箱)固定好后,应进行内部清扫,用抹布将各种设备擦干净,柜内不应有杂物。

(3)母线安装

配电柜(箱)的电源及母线的连接要遵循规范及国际通行相序,相位应正确一致,保证进线电源的相序正确。

(4)二次回路检查

二次回路检查主要是进行送电及功能测试。检查电气回路、信号回路接线是否牢固可靠,绝缘电阻是否符合有关规定。按前后调试的顺序送电分别模拟试验,控制、连锁操作继电保护和信号的动作,应正确无误、灵活可靠。

(5)完工检查

安装完毕后,应对接地干线和各支线的外露部分以及电气设备的接地部分进行外观检查。检查电气设备是否按接地的要求接有接地线,各接地线的螺丝是否接妥,螺丝连接是否使用了弹簧垫圈,接地电阻是否小于4 Ω。

3. 灯具、开关安装

(1)灯具安装

①灯具、光源按设计要求采购,所用灯具应有产品合格证,灯内配线严禁外露,灯具配件齐全。

②根据安装场所检查灯具是否符合要求,检查灯内配线是否完好。灯具安装必须牢固,位置正确,整齐美观,接线正确无误。3 kg以上的灯具,必须用镁吊钩或螺栓固定,低于2.4 m的灯具其金属外壳应接地。

③安装完毕,测得各条支路的绝缘电阻合格后,方允许通电运行。通电后应仔细检查灯具的控制是否灵活,开关与灯具的控制顺序是否相对应。如发现问题必须先断电,然后查找原因进行修复。

(2)开关插座安装

①各种开关、插座的规格型号必须符合设计要求,并有产品合格证。安装开关插座的面板应端正、严密并与墙面水平。成排安装的开关高度应一致。

②开关接线应由开关控制相线,同一场所的开关切断位置应一致,且操作灵活,接点接触可靠。插座接线时注意单相两孔插座应遵循"左零右相"或"下零上相"原

则。单相三孔及三相四孔插座的接地线均应在上方。交流、直流或不同电压的插座安装在同一场所时,应有明显区别,且其插座配件均不能互相代用。

4. 电气调试

电气设备安装结束后,对电气设备、配电系统及控制保护装置进行调整试验,调试项目和标准应按《电气装置安装工程电气设备电气交接试验标准》执行。电气设备和线路经调试合格后,动力设备才能进行单体试车。单体试车结束后可会同建设单位进行联动试车,并做好记录。照明工程的线路,应按电路进行绝缘电阻的测试,并做好记录。接地装置要进行电阻测试并做好测试记录。

(二)园林照明工程施工技术

在施工过程中,主要分为以下四大部分:施工前准备、电缆敷设、配电箱安装、灯具安装。

1. 施工前准备

在具体施工前首先要熟悉电气系统图,包括动力配电系统图和照明配电系统图中的电缆型号、规格、敷设方式及电缆编号,熟悉配电箱中开关类型、控制方法,了解灯具数量、种类等。熟悉电气接线图,包括电气设备与电气设备之间的电线或电缆的连接方式、设备之间线路的型号、敷设方式和回路编号,了解配电箱、灯具的具体位置、电缆走向等。根据图纸准备材料,向施工人员做技术交底,做好施工前的准备工作。

2. 电缆敷设

电缆敷设包括电缆定位放线、电缆沟开挖、电缆敷设、电缆沟回填四部分。

(1)电缆定位放线

先按施工图找出电缆的走向,然后按图示方位打桩放线,确定电缆敷设位置、开挖宽度和深度等及灯具位置,以便于电缆连接。

(2)电缆沟开挖

采用人工挖槽,槽梆必须按1∶0.33的比例放坡,开挖出的土方堆放在沟槽的一侧。土堆边缘与沟边的距离不得小于0.5 m,堆土高度不得超过1.5 m。堆土时注意不得掩埋消火栓、管道闸阀、雨水口、测量标志及各种地下管道的井盖,且不得妨碍其正常使用。开槽中若遇到其他专业的管道、电缆、地下构筑物或文物古迹等时,应及时与投资方、有关单位及设计部门联系,协同处理。

(3)电缆敷设

电缆若为聚氯乙烯铠装电缆,应采用直埋形式,埋深不低于0.8 m,在经过铺装面及道路处均加套管保护。为保证电缆在穿管时外皮不受损伤,应将套管两端打喇叭口,并去除毛刺。电缆、电缆附件(如终端头等)应符合国家现行技术标准的规定,具备合格证、生产许可证、检验报告等相应技术文件;电缆型号、规格、长度等应符合设计要求,附件材料齐全。电缆两端封闭严格,内部不应受潮,并保证在施工使用过程中随用随断,断完后及时将电缆头密封好。电缆铺设前应先在电缆沟内铺砂不低于10 cm,电缆敷设完后再铺砂5 cm,然后根据电缆根数确定盖砖还是盖板。

（4）电缆沟回填

电缆铺砂盖砖（板）完毕后并经投资方、监理验收合格后方可进行沟槽回填,宜采用人工回填方式。一般采用原土分层回填,其中不应含有砖瓦、砾石或其他杂质硬物。要求用轻夯或踩实的方法分层回填。在回填至电缆上 50 cm 厚度后,可用小型打夯机夯实。直至回填到高出地面 10 cm 左右为止。回填到位后必须对整个沟槽进行水夯,使回填土充分下沉,以免绿化工程完成后出现局部下陷现象,影响绿化效果。

3. 配电箱安装

配电箱安装包括配电箱基础制作、配电箱安装、配电箱接地装置安装、电缆头制作安装四部分。

（1）配电箱基础制作

首先确定配电箱位置,然后根据标高确定基础高低。根据基础施工图要求和配电箱尺寸,用混凝土制作基础座,在混凝土初凝前在其上方设置方钢或基础完成后打膨胀螺栓用于固定箱体。

（2）配电箱安装

在安装配电箱前首先熟悉施工图纸中的系统图,根据图纸接线。对接头的每个点进行刷锡处理。接线完毕后,要根据图纸再复检一次,确保无误且投资方、监理验收合格后方可进行调试和试运行。调试时要保证有两人在场。

（3）配电箱接地装置安装

配电箱有一个接地系统,一般用接地钎子或镀锌钢管做接地极,用圆钢做接地导线,接地导线要尽可能直、短。

（4）电缆头制作安装

导线连接时要保证缠绕紧密以减小接触电阻。电缆头干包时首先要进行刷锡的工作,保证不漏刷且没有锡疙瘩,然后进行绝缘胶布和防水胶布的包裹,既要保证绝缘性能和防水性能,又要保证电缆散热,不可包裹过厚。

4. 灯具安装

灯具安装包括灯具基础制作、灯具安装、灯具接地装置安装、电缆头制作安装四部分。

（1）灯具基础制作

首先确定灯具位置,然后根据标高确定基础高度。根据基础施工图要求和灯具底座尺寸,用混凝土制作基础座,在基础座中间加钢筋骨架确保基础坚固。在浇筑基础座混凝土时,在混凝土初凝前在其上方放入紧固螺栓或基础完成后打膨胀螺栓用于固定灯具。

（2）灯具安装

在安装灯具前首先对电缆进行绝缘测试和回路测试,对所有灯具进行通电调试,确信电缆绝缘良好且回路正确,无短路或断路情况,灯具合格后方可进行灯具安装。安装后保证灯具竖直,同一排的灯具在一条直线上,固定稳固,无摇晃现象。接线安装完毕后检查各个回路是否与图纸一致,根据图纸再复检一次,确保无误且投资方、监理验收合格后方可进行调试和试运行。调试时要保证有两人在场。重要灯具安装应做样板方式安装,安装完成一套,请投资方及监理人员共同检查,同意后再进行后续安装。

（3）灯具接地装置安装

为确保用电安全,每个回路系统都安装一个二次接地系统,即在回路中间做一组接地极,连接电缆中的保护线和灯杆,同时用摇表进行摇测,保证绝缘电阻符合设计要求。

（4）电缆头的制作安装

电缆头的制作安装包括电缆头的砌筑、电缆头防水两部分。根据现场情况和设计要求,在图纸指定地点砌筑电缆头,要做到电缆头防水良好、结构坚固。此外,在电缆经过电缆头时要做穿墙保护管,做好防水处理。方法是先将管口去毛刺、打坡口,然后里外做防腐处理,安装好后用防水沥青或防膨胀胶进行封堵,以保证防水。

三、照明在园林景观中的应用

近年来,随着城市建设的高速发展,出现了大量功能多样、技术复杂的城市园林环境,这些城市园林的电气光环境也越来越受到城市建设部门的重视和社会的关注。对园林光环境的营造正逐步成为建筑师、规划师以及照明设计工程师的重要课题。目前我国的园林设计行业仍处在初期发展阶段,不但缺少专业设计人才和系统的园林电气技术规范,而且缺乏正确的审美标准和理论基础。

（一）园林景观中的照明对象

园林照明的意义并非单纯地将绿地照亮,而是利用夜色的朦胧与灯光的变换,使园林呈现出一种与白昼迥然不同的意境,同时造型优美的园灯亦有特殊的装饰作用。

1. 建筑物等主体照明

建筑在园林中一般具有主导地位,为了突出和显示硬质景观特殊的外形轮廓,通常以霓虹灯或成串的白炽灯安设于建筑的棱边,通过精确调整光线的轮廓投光灯,将需要表现的形体用光勾勒出轮廓,其余则保持在暗色状态中,这样对烘托气氛具有显著的效果。

2. 广场照明

广场是人流聚集的场所,在其周围安设发光效率高的高杆直射光源可以使场地内光线充足,便于人们的活动。若广场范围较大,又不希望有灯杆的阻碍,则可在有特殊活动要求的广场上布置一些聚光灯之类的光源,以便在举行活动时使用。

3. 植物照明

植物照明设计中最能令人感到兴奋的是一种被称作"月光效果"的照明方式,这一概念源于人们对明月投洒的光亮所产生的种种幻想。灯光透过花木的枝叶会投射出斑驳的光影,使用隐于树丛中的低照明器可以将阴影和被照亮的花木组合在一起。灯具被安置在树枝之间,将光线投射到园路和花坛之上,形成类似于明月照射下的斑驳光影,从而引发奇妙的想象。

4. 水体照明

对于水面以上的照明应将灯具隐于花丛之中或者池岸、建筑的一侧,即将光源背对着游人,避免眩光刺眼。对于叠水、瀑布则应将灯具安装在水流的下方,既能隐藏灯具,又可照亮流水,使之显得生动。静态的水池在进行水下照明时,为避免池中水藻之类一览无余,理想的方法是将灯具抬高贴近水面,增加灯具的数量,使之向上照亮周围的花木,以形成倒影。

5. 道路照明

对于园林中有车辆通行的主干道和次干道,需要使用一定亮度且均匀、连续的安全照明用具,以使行人及车辆能够准确识别路上的情况;而对于游憩小路则除了照亮路面外,还要营造出一种幽静、祥和的氛围,使其融入柔和的光线之中。

(二)园林景观中的照明方式

1. 重点照明

重点照明是指为了强调某些特定目标而采用定向照明的方法。为让园林充满艺术韵味,在夜晚可以用灯光强调某个要素或细部。即选择特定灯具将光线对准目标,给某些景物打上适当强度的光线,而让其他部位隐藏在弱光或暗色之中,从而突出意欲表达的部分,以产生特殊的景观效果。

2. 环境照明

环境照明体现着两方面的含义:其一是作为相对重点照明的背景光线;其二是作为工作照明的补充光线。环境照明主要提供一些必要亮度的附加光线,以便让人们感受到或看清周围的事物。其光线应该是柔和的,弥漫整个空间,具有浪漫的情调。

3. 工作照明

工作照明就是为特定的活动所设的,要求所提供的光线应该无眩光、无阴影,以便使活动不受夜色的影响。对光源的控制要能做到很容易地启动和关闭,这不仅可以节约能源,更重要的是可以在无人活动时恢复场地的幽邃和静谧。

4. 安全照明

为确保夜间游园、观景的安全,需要在广场、园路、水边、台阶等处设置灯光,让人能看清周围的高差障碍;在墙角、树丛之下布置适当的照明,给人以安全感。安全照明的光线要连续、均匀、有一定的亮度、光源独立,有时需要与其他照明结合使用,但相互之间不能产生干扰。

(三)PLC在现代照明控制中的应用

PLC是Programmable Logic Controller的简称,即可编程序控制器,从1969年出现以来一直都应用于各种工业上的控制,伴随各种微型计算机技术的发展,性能不断加强。如今,若谈及控制就要考虑到PLC。

PLC在照明控制上主要应用于一些大型写字楼、高层楼宇、体育馆等,也可应用于舞台、娱乐场所和大型景观区。

利用PLC照明不仅可以节约电能,还可以保证照明的舒适。比较常见的照明控

制方案有以下几种:

第一,适时照明控制。针对大型办公楼、某些工厂、游乐场、大型超市等,根据特定工作时间和营业、上班时间来划分照明的不同级别。根据时间对所述照明场景的灯具点亮数量和照明亮度大小等进行控制,从而达到省电的效果。

第二,对于有窗户协助照明的场所,根据自然光的亮度控制灯具点亮数量和照明亮度大小。自然光通过窗户投射进居室,此时应当减少灯光的照明,通常使用感光控制系统来控制照明,当程序检测到照明亮度的值等于早已设定在检测装置内的数值时,自动调节照度,以节约用电。

第三,设置手动开关,来予以配合临时性和其他检修应用的照明。倘若仅利用时间程序和自然光亮度检测装置来控制照明,则无法满足所有照明需求。在某些特殊的现场工作,需要通过手动控制开关来满足现场工作的要求。

第四,照明主要通过接收的照度值控制,但在接收时会耗费一段时间。此外灯具的污染会使照明的亮度变低,通过人工清扫后亮度又会提高。因此需要适当地开启关闭输送的电源,维持一定的照度值以节省电能。

(四)园林照明存在的主要问题

园林照明存在的主要问题如下:

第一,园林的公共照明采用的控制方法主要是分散的时控方式,也就是在照明的配电箱中装配定时器,通过定时器中早已预定的时间来达到自动开启或关闭照明的目的。目前所使用的方法不能有效调节灯光的开启以及闭合时间,照明设备的运行情况得不到体现,出现故障的概率也较大,维修难。

第二,开关的时间控制比较随意,如果过早就造成电能的浪费,过迟的话就会影响车辆的行驶与行人的活动。

第三,园林公共照明基本上在同一时间段启动,会对电网的稳定产生影响。

第四,照明控制方式简单,易造成资源的浪费,系统消耗电能过大;照明灯具也容易烧坏。

总之,在园林景观规划中,照明设计要全面考虑对灯光艺术有影响的功能、形式、心理和经济因素,根据灯光载体的特点,选择灯具,确定合理的照明方式和布置方案,经过艺术处理,采用技巧方法,创造良好的灯光环境艺术。它既是一门科学,又是一门艺术创作,需要园林工作者用艺术的思维、科学的方法和现代化的技术,不断改进和完善设计,营造多姿多彩的园林景观。

第五章 相关技术在园林施工建设中的应用

第一节 节能型技术在园林施工中的应用

一、节能技术分析

(一)主动式节能技术

主动式节能技术即通过人工操作方式来对生态资源进行最大化利用,从而在施工过程中有效节约资源。如对施工用水的循环利用、雨水的收集利用、生活用水的重复利用等。随着可持续发展理念的不断深入,可再生资源逐渐受到重视并被广泛应用,其中利用率最高的技术为主动式节能技术。提升可再生资源的利用率是当前最常见也是最有效的提升能源利用率的方式,太阳能发电、风力发电均为常见的节能型技术。在园林施工中,园林工作者可以合理地对太阳能、风能等节能型技术进行应用,以达到节能环保的效果。人们仍需加强对太阳能、风能等主动式节能技术的研究与探索,以最大化地发挥其节能作用。

(二)被动式节能技术

被动式节能技术主要是指根据园林施工场地的具体情况,如气候条件、地质条件、自然环境等,制订全面、科学的施工方案,充分利用施工场地的地缘优势、水源优势,以达到高效利用水土资源、节约能源的效果,进而实现园林和自然环境的协调发展。相较于主动式节能技术而言,被动式节能技术通常需要综合考虑多方面情况,充分了解施工场地的气候、环境等多方面的因素,只有这样才能充分保证被动式节能技术得到有效利用。

二、节能型技术在园林施工中的具体应用

(一)优化施工方案,提升园林建设质量

施工方案的制订通常会对园林工程的施工建设情况产生直接的影响,科学合理的施工方案可以为园林工程整体建设质量及节能效果的提升提供有效帮助。因此,在园林施工过程中加强对施工方案的优化,并以其作为节能型施工的基本依据十分必要。相关人员在进行园林工程施工方案制订时,应充分考虑节能型技术的应用,在施工方案设计中尽可能融入节能理念。例如,施工方应充分考虑施工现场的土体性质、气候特质等情况;在进行园林资源配置时,则应根据施工现场状况来进行调整和设置,以提升资源配置的合理性,凸显绿色节能理念。此外,相关管理人员还应加强对园林建设方案优化的重视,合理分配施工期间所涉及的各类资源,包括人力、财力、物力等。同时对于具有较强专业性的园林施工项目,还需聘请专业技术人员进行现

场指导,以保证施工质量,减少因不必要的返工而造成的资源浪费。

(二)优化施工技术,节约园林施工材料

在优化和改善施工方案的同时,加强对园林施工技术的优化是有效控制能源消耗的重要手段,这对保证园林施工节能目标得到有效落实具有重要意义。因此,在园林施工过程中,施工方及相关管理人员、技术人员应充分考虑各施工环节的实际需求、施工特点,合理应用节能型施工技术。比如,在钢筋焊接施工中,若以传统钢筋搭接方法施工,则容易造成钢筋材料浪费;若以螺栓连接,则可以在很大程度上减少钢筋材料的使用量,达到节约施工材料的目的。再如,在给排水管道施工中,可以利用循环式给排水系统来减少水资源消耗,达到节约水资源的目的。此外,施工方还应加强对项目施工进度控制的重视,合理控制施工的各个环节,保证施工顺利进行,从而保证园林项目能够顺利完工,避免因工期延长而增加人力、财力成本,造成资源浪费。

(三)采用先进节能设备,达到良好节能效果

现代工程施工中往往会用到各种大型机械设备。这些现代化机械设备的引入虽然可以显著提高工作效率,同时降低人力资源的投入,但在机械设备运行的过程中不可避免地会增加较多的能源消耗。园林施工期间,工程施工面积通常较大,使用的各类现代化大型机械设备较多,从而通常会造成较大的电力能源消耗。这也就需要施工方积极引入先进的节能设备,以尽可能减少施工期间造成的能源消耗,达到节能效果。太阳能就属于清洁能源的一种,使用期间通常不会产生污染,且太阳能的应用范围广泛。园林工程多处于室外环境,可广泛利用太阳能。可以将太阳能转换为电能,并通过蓄电池来存储电能,进而为施工操作提供所需电能,减少机械设备对传统能源的消耗,发挥节约能源的效果。同时在园林施工中,还可以利用相关管道来进行污水过滤与输送,从而实现对水资源的循环利用,达到节约水资源的效果。

(四)合理利用节能技术,促进枯草落叶循环利用

种植、移植各种绿植是园林建设中的一项重要内容,树叶枯萎、掉落是植物生长过程中的一种自然现象,也是园林施工中必须应对的问题。传统的方法是依靠人力清扫,虽然可以达到处理效果,但是费时又费力。所以,在园林施工过程中合理地利用节能型技术,加强对落叶循环再生处理是一项十分重要的工作。利用节能型技术实现对枯草、落叶的再生处理,不仅可以有效地解决枯草、落叶问题,还可以将其作为植被的肥料,实现变废为宝、资源循环使用。另外,枯草、落叶的循环再生使用,在降低枯草、落叶对项目施工负面影响的同时,可以有效减少人力资源的投入,从而达到节约人力资源成本、降低建筑工程项目造价的目的。

综上所述,园林施工工作作为现代城市建设过程中的重要组成部分,在改善城市居民居住环境、提升居民生活质量方面起着重要的作用。相关人员要重视园林施工过程中所造成的能源消耗问题,在保证施工质量的同时,合理地应用节能型技术,有效减少施工期间造成的资源、能源消耗,达到良好的节能效果,从而实现可持续发展,为建设资源节约型社会作出积极贡献。

第二节　绿地喷灌施工技术在园林施工中的应用

在经济发展中,农业是国民经济的基础产业。我国又是农业大国,每年农业灌溉的用水量约占总用水量的75%。传统的农业灌溉技术已经无法满足现代社会对水资源的需求,而严重的浪费现象已经不符合当今节约用水、可持续发展的理念。绿地喷灌施工技术可以代替传统农业灌溉技术,从根本上解决农业灌溉的用水量问题,更有效地节约用水。目前该技术已广泛运用到灌溉蔬菜、果树及大田作物等方面。随着水资源紧缺,我们更应该发展绿地喷灌施工技术,采取有效的措施,从根本上解决传统方法浪费水资源的问题,有效缓解水资源短缺问题。

一、绿地喷灌施工技术的应用意义

在使用绿地喷灌施工技术的初期就可以明显看出,该项技术可以最大限度地弥补传统技术的缺陷,提升园林施工的维护效果,促使园林内部达到良性循环,使得整体具备广阔的发展空间。该项技术在实际操作过程中难度系数较高,所以需要对技术人员定期培训,保证操作技术过关,这样才能展现出该项技术的优点。

二、绿地喷灌施工技术在实际应用中的问题

(一)喷水量不足

导致喷水量不足的原因有:

第一,喷灌机运行速度过快。

第二,供喷灌机使用的水源不足。

第三,喷灌机喷头堵塞或接头处漏水。

第四,固定式喷灌机洒水时间过短。

(二)未广泛使用

现阶段,虽然绿地喷灌施工技术可以代替传统技术,但是在园林建设中也没有将该技术普及。目前,在我国西北地区和经济发达地区,绿地喷灌施工技术的发展较为成熟,很大程度上解决了水资源浪费的问题。但还有部分地区没有将该技术普及,例如我国南方的某些地区本身降水量较为充足,因而并没有运用绿地喷灌施工技术,依旧使用传统的灌溉技术,导致水资源大量浪费,降低了城市的园林发展能力。

(三)相关设备不足、系统管理维护不到位

在园林工程中应用绿地灌溉施工技术的设备普遍不足,因为此项技术会增加园林工程前期的施工成本,所以,绿地喷灌施工技术需要足够的资金支持。资金投入不足的园林工程难以应用绿地喷灌施工技术,已经建成的景观绿地需要配置相应的喷灌设备以便开展维护。但从长远角度分析,在园林工程中采用绿地喷灌施工技术十分必要,具有重要的环境效益和社会价值,有利于景观和城市生态环境的可持续发展,最大限度地节约园林工程的水资源,避免对周围环境造成影响。在园林喷灌系统建设完成后,一定要注重日常的维护工作,很多施工单位在施工结束后,不及时去现场巡视检查,这样就会直接或间接地造成没有必要的损失。最常见的就是植被被破

坏,影响园林景观。若设备维修不及时,可能需要重新开挖、回填、修补等,严重时甚至会导致喷灌系统直接报废,从而造成更大的经济损失。

三、绿地喷灌施工技术的应用对策

(一)合理正确配置喷头

我们需要选择正确的喷头,以便保证喷水装置的质量。在选择射流喷头时,应首先考虑射流与设备投资、喷射质量、运营成本等方面的运行压力。在选择压力喷头时,如果使用高压喷头,喷射中心地处偏远,喷水量较大,性能较高,运营成本高,极易受到风的影响,无法保证喷射质量;如果采用低压喷头,就可以最大程度上保证喷射机的滴灌水质,运行成本也相对较低。因此,需要根据实际情况、经济条件、技术要求、喷嘴性能等方面选择操作压力。对于蔬菜,可选择小水滴洒水器;对于黏土,可选择强度较低的喷水装置,而对于沙子则需要使用强度较高的洒水装置。

(二)园林施工现场的技术准备

在园林项目施工时,要充分做好现场准备。在正式施工前,需要保证施工现场干净整洁,同时按照工程要求保障绿地地坪标高,充分考虑地坪的实际高度是否可以在冬天排水。做完这些工作后,需要第一时间检查施工图纸,保证施工图纸没有错误后方可进行后期工作。如果在检查过程中发现图纸存在问题,需要及时和技术人员交流,并将图纸完善进行再次审核,避免因没有仔细审核造成严重后果,影响后续施工。

第三节　低碳技术在园林施工中的应用

人类在发展经济的同时,必然会消耗很多的自然资源和能源,对环境造成影响。当前,人类所居住的环境已经遭受了很大的破坏,南北两极受气候变暖影响已经开始出现冰川加剧融化的现象,海平面逐渐上升。因此,人们开始寻求一种新的发展方向帮助改善当前的环境。低碳技术恰好能够缓解因人类活动带来的环境破坏现象,已经受到世界各国的广泛关注。当前,低碳技术已经被很多行业运用。在园林施工过程中使用低碳技术,能够优化施工过程,提高工作效率,为人类营造一个良好的生活环境。

一、低碳技术的概念

低碳技术是指涉及电力、交通、建筑、冶金、化工、石化等部门,在可再生能源及新能源、煤的干净高效应用、油气资源和煤层气的勘探开发、二氧化碳捕获与埋存等范畴开发的有效控制温室气体排放的新技术。随着各种有限能源的使用,在未来的数年里,需要大幅度降低发电厂的二氧化碳排放量,提升能量输送的效率,减少对空气造成的污染。

低碳技术是当前我国发展经济的过程中大力推荐的一种新技术,从我国各个行业的发展趋势来看,已经取得了较好的成效。在园林施工过程中运用低碳技术,不仅可以帮助提高工作效率,还可以降低生产和生活中产生的二氧化碳对环境的影响,为人们的生活质量提供有效保障,减少施工工程中费用的投入,性价比较高。低碳技术已经成为当下园林施工中普遍使用的一种新技术。在园林施工过程中运用低碳技术,应当以园林发展为基础,制订出相应的施工方案,保证低碳技术正常使用的同时,还能获得更好的效益,减少空气污染以及资源浪费等。

二、低碳技术对园林施工的重要性

我国的园林技术已经有较长的发展历史,在传统的园林施工过程中,主要是以体现我国文化底蕴、传承文化、满足大众的审美需求为发展方向。传统的园林施工技术过于注重园林的视觉效果,选用一些不适合在本地区生长的植被,导致种植之后出现大面积死亡的现象,给整个生态系统造成影响,反而增加园林施工的成本。在园林施工过程中加入低碳技术,可以提升园林中地表植物对水的自然吸收和土壤渗透等作用。植物能有效减少河流在地表上的径流量和降低空气流速,因而在园林中的山地、坡区及其他裸露的地段,栽植适量的乔木、灌木、地被植物,可以起到良好的水土保持的作用。园林与外界或功能区与功能区的分隔处,可以选择生命力顽强的绿篱,从而有效降低噪声,营造一个半开放的空间。另外,在生活区,为了保证有充足的阳光,一般选在南侧种植落叶树种,人们夏天可以感受到凉爽和通风;而在北侧通常配置常绿树种。这些措施都能形成区域微气候,优化环境。

三、低碳技术在园林施工中的应用

(一)优化施工方案

就当前的发展形势来看,园林施工的过程中都会出现一些意料之外的事件,给整个园林工程带来不必要的麻烦。为了将产生的危害降至最低,相关人员需要优化园林施工的方案,在保证施工工程顺利推进的同时,还能达到低碳环保的目的。在园林施工方案设计之初,相关人员需要根据园林的整体发展以及周边环境进行相应的考察,设计低碳施工方案。方案的设计应当做到精准简洁,避免后期返工问题的出现,提升工作效率。相比一般的工程,园林施工有着不同的特点,如通常施工周期会较长一些,对于一些特殊的建筑材料要求较高。因此,在施工的过程中,相关人员需要针对每一种材料是否符合园林施工的要求进行检查,对于出现的问题要及时整改,不断地提升自己的施工技能水平,为低碳环保的园林施工创造出更多的效益。除此之外,还应避免园林施工过程中材料的浪费。

(二)结合地形制订施工方案

在园林施工之前,需要结合地形制订施工方案。为了降低园林施工的工程造价成本,在施工过程中,需要结合人力、物力资源的投入,以施工的地形为基础,最大限度地减少因地形改造等出现的工程造价高的问题,因地制宜地制订施工方案,充分利用当地的各种资源,节省成本,以帮助园林整体达到最好的效果。

(三)优选低碳环保施工材料

在低碳技术盛行的今天,人们装修首选的是低碳环保的建筑材料,在园林施工方面也不例外。对于建筑材料的选择,应当以低碳环保的施工材料为主。使用低碳环保的材料能够减少能源的消耗,降低二氧化碳的排放量。在材料选择方面,应首选可回收、可降解的材料进行循环使用,减少对环境的污染,提高资源的可回收利用率。

(四)选择适宜生长的植被

适宜的植被不仅能够净化空气、起到良好的观赏效果,还能减少后期的植被养护成本。因此,在植被选择方面,应当结合当地的气候以及其他方面的因素综合考虑,尽量多选择乡土植被。乡土植被能够适应本地区的气候条件,耐寒、抗病虫能力相对也会较好,后期的成活率也能达到一定的标准,节省建设成本的同时还能实现低碳的目的。

(五)低碳的园林养护模式

园林施工完成之后,需要对其进行日常维护工作,低碳环保的养护模式应当成为园林后期护理工作的首选。园林的养护工作一般主要包含道路、绿地植被养护管理及设施维护管理。维护的过程中多采用人工除草的方式,避免使用对环境和人体有危害的农药等进行除草,以免农药对地下水和土壤造成不可逆的影响。人工修剪之后的枝叶可以以堆肥的方式处理用于后续给土壤施肥,实现生态环境内部资源的循环使用。尽量避免人工干扰植物生长,如果条件允许,可以创设一个雨水收集系统,利用雨水给园林植被施肥浇水,避免造成水资源的浪费。低碳的园林养护模式可以减少园林养护投入,获得更好的经济收益。

(六)正确利用新能源技术

日常生活中有很多能源是可以循环再生的,比如风能、水能、潮汐能、太阳能等。在园林施工中使用这些可再生能源,可以减少一些不必要的能源消耗和排放。如太阳能,其发电原理主要是通过在白天光照充足的情况下吸收更多的光能,经太阳能电池板等光伏器件,将太阳能转化成电能并储存起来。当前,太阳能发电已经成为一种新的节能模式,且安全可靠,在园林施工建设中可以将这一点结合起来,如安装太阳能路灯等,既能实现节约能源的目标,还能保护环境,达到低碳环保的目的。园林施工之中,要注意现场照度不应超过最低照度的20%,以减少电能的消耗,还可减少后期对于太阳能路灯的维护费用,有一定的耐用性和实用性。

在园林施工过程中,对周边环境的考量是一个必不可少的环节。施工技术开始之前,首先,需要对周边环境进行考察并做出相应的施工设计;其次,再结合地形制订施工方案,选择低碳环保的施工材料,选择适宜的植被,正确利用新能源技术,减少能源的消耗,降低工程造价,为园林施工创造更高的价值。

第四节 网络技术在园林施工中的应用

一、网络技术在园林施工中的应用

20世纪60年代,美国首次在园林建设过程中引入网络技术。此后,网络技术在园林施工中的作用引起了广泛关注,各相关人士也逐渐开始对其进行深入研究,并取得了一定成就。随着园林建筑的发展,信息化网络建设在园林建筑中得到了广泛应用。当前,我国园林施工过程中,网络技术的应用并不充分。在未来园林施工发展过程中,应将网络技术与园林施工的有机结合作为重点内容。存在这种情况的主要原因包括:管理人员的工作存在局限性、对网络技术的重视程度不足等。

(一)园林施工中网络技术所具有的特点

网络技术由于其所具有的特性,而在园林施工过程中发挥着重要作用。在园林施工过程中,应用网络技术有利于园林维护目的与园林绿化管理目的的实现。在园林施工过程中,网络技术的特点包括:第一,具有较强的直观性,能够对园林工程的全貌进行形象反映;第二,能够对园林工程中的主次进行明确表达,确保在施工过程中抓住主要矛盾;第三,通过非关键路线工作潜力的发挥,来提升关键工作的完成速度,进一步缩短园林施工工期,降低工程所需成本;第四,绘图、计算等都通过网络技术来实现,能够使计划编制的时间缩短。除此之外,利用网络技术能够对园林施工中各项工作需消耗的资源与时间进行估算,依据实际情况对施工资源的需求与时间进行动态调整。

(二)园林施工中通过网络技术编制方案遵循的原则

在园林施工过程中通过网络技术编制方案,首先需要遵循的原则为整体原则,将整体效果作为编制依据,从整体方面进行分析,实现统一筹划与安排。在编制过程中,即使在局部效果方面存在不尽如人意的地方,也应该从大局出发,为整体效果服务,实现整体效果最优化。

(三)园林施工中通过网络技术编制方案的具体实施方法

在对园林施工过程中,首先需要对园林进行划分,按照划分的情况选择合适的建设施工小组进行建设施工。针对不同的施工建设小组实施不同的信息网络方案。通过这种先划分后实施的方法,一方面能够避免由于工程较小而不能够实施通过网络技术编制的方案的情况;另一方面能够使方案操作的范围得到扩展,使方案实施的可能性增加,真正发挥网络技术在园林管理过程中的作用。园林建筑施工程序具有混乱、复杂、多变的情况,需要通过更多公园、景区的建设来满足人们的需求。资源由于其具有的复杂性而很难实现均衡情况,要想真正实现资源配置的合理性与均衡性,需要将公园或者景点视为一个总的网络计划,与其相关工程之间建立必要的联系。网络计划主要发挥的是控制作用,能够对总体中的各个单位的资源、工期等进行控制。

(四)园林施工中通过网络技术编制方案的步骤

园林施工中通过网络技术编制方案的步骤主要包括三个:对方案的编制目的进行确定;对总的园林工程项目进行分解;对作业中的明细表进行列举。通过网络技术编制方案的原理包括:第一,通过网络的形式明确表述工程项目施工阶段顺序;第二,利用图解模型、计算方法等对关键工作进行计算,实现有效监控。

二、在园林施工过程中运用网络技术的效果

在园林施工过程中应用网络技术有着可观效果,能够增强施工单位的权威,确保资源管理的均衡性。

第一,利用网络技术能够从整体上进行管理,确保资源的合理分配与充分利用,同时能够对时间进行良好的管理,缩短工期,提高经济效益;第二,利用网络技术能够使单位信度得到提高,保障整体工程项目的交工时间;第三,网络总图能够使计划更

加灵活,为计划的动态修改提供便利。

综上,在园林施工过程中运用网络技术能够使园林建筑施工的质量与信誉得到提高,促进园林事业快速发展。

第六章　园林景观绿化养护管理

第一节　景观树木的保护与修补

园林树木对于人类来说具有不可替代的功能,但是常常受到病虫害、冻害、日灼等自然因素和人为修剪所带来的伤害。所以,为了保证树木的正常生长,提高其观赏价值,必须对受损的树体施加相应的保护措施,并且一定要贯彻"防重于治"的精神。对树体上已经造成的伤口,应该及早救治,防止扩大蔓延,治疗时,应根据树体伤口的部位、轻重程度和特点,采取不同的治疗和修补方法。

一、景观树木的保护

(一)景观树体的伤口处理

1. 树干的伤口处理

对于树木的枝干因病、虫、冻、日灼等造成的伤口,首先用锋利的刀刮净、削平四周,使创面光滑、皮层边缘呈弧形,然后用药剂(2%～5%硫酸铜溶液,0.1%升汞溶液,石灰硫黄合剂原液)消毒,再涂抹伤口保护剂。

对于树木因修剪造成的伤口,应将伤口削平然后涂上保护剂。

如果树木因风吹而枝干折裂,应立即用绳索捆缚加固,然后消毒、涂保护剂。如果树木因雷击而枝干受伤,应将烧伤部位锯除并涂保护剂。

2. 树皮的伤口处理

树木的老皮会抑制树干的加粗生长,这时,就可用刮树皮的方法来解决。此法亦可清除在树皮缝中越冬的病虫。刮树皮多在树木休眠期间进行,冬季严寒地区可延至萌芽前。刮的时候要掌握好深度,将粗裂老皮刮掉即可,不能伤及绿皮以下部位,刮后立即涂以保护剂。但对于流胶的树木不可采用此法。

对于一些树木,可在生长季节移植同种树的新鲜树皮来处理伤口,即植皮。在形成层活跃时期(6—8月)最易成功,操作越快越好。其做法是:首先对伤口进行清理,然后从同种树上切取与创伤面大小相似的树皮,将切好的树皮与创伤面对好压平后,涂以10%萘乙酸,再用塑料薄膜捆紧,2～3周长好之后可撤除塑料薄膜。此法更适用于伤口小的树木,但是对于名贵树木尽管伤口较大,为了保护其价值,依旧可进行植皮处理。

(二)常用的伤口敷料

在对树体进行保护的时候,一定要注意敷料的合理应用。理想的伤口敷料应容易涂抹,黏着性好,受热不熔化,不透雨水,不腐蚀树体,具有防腐消毒、促进愈伤组织形成的作用。常用的敷料主要有以下六种:

第一,紫胶清漆。紫胶清漆的防水性能好,不伤害活细胞,使用安全,常用于伤口周围树皮与边材相连接的形成层区。但是单独使用紫胶清漆不耐久,涂抹后宜用外墙使用的房屋涂料加以覆盖。它是目前所有敷料中最安全的。

第二,沥青敷料。将固体沥青在微火上熔化,然后每千克加入约 2 500 mL 松节油或石油,充分搅拌后冷却,即可配制成沥青敷料。这一类型的敷料对树体组织有一定毒性,优点是较耐风化。

第三,杂酚敷料。杂酚敷料常用来处理已被真菌侵袭的树洞内部大创面。但该敷料对活细胞有害,因此在表层新伤口上使用时应特别小心。

第四,接蜡。用接蜡处理小伤口具有较好的效果,安全可靠、封闭效果好。用植物油 4 份,加热煮沸后加入 4 份松香和 2 份黄蜡,待充分熔化后倒入冷水即可配制成固体接蜡,使用时要加热。

第五,波尔多膏。波尔多膏是用生亚麻仁油慢慢拌入适量的波尔多粉配制而成的一种黏稠敷料。它的防腐性能好,但是在使用的第一年对愈伤组织的形成有妨碍,且不耐风化,要经常检查复涂。

第六,羊毛脂敷料。现已成熟应用的主要有用 10 份羊毛脂、2 份松香和 2 份天然树胶搅拌混合而成的和用 2 份羊毛脂、1 份亚麻仁油和 0.25％高锰酸钾溶液搅拌混合而成的敷料。它们对形成层和皮层组织有很好的保护作用,能使愈伤组织顺利形成和适度扩展。

二、景观树木的修补

树干的伤口形成后,如果不及时进行处理,长期经受风吹雨淋,木质部腐朽,就会形成空洞。如果让树洞继续扩大和发展,就会影响树木水分和养分的运输及贮存,严重削弱树木生长势头,降低树木枝干的坚固性和负荷能力,枝干容易折断或树木倒伏,严重时会造成树木死亡。不仅会缩短树木的寿命,影响美观,还可能招致其他意外事故。所以说,树洞修补至关重要,应谨慎对待。以下是修补树洞的三个方法:

第一,开放法。如果树洞很大,并且有奇特之感,使人想特意留作观赏艺术时,就用开放法处理。此法只需将洞内腐烂的木质部彻底清除,刮去洞口边缘的坏死组织,直到露出新组织为止,用药剂消毒,然后涂上防腐剂即可。改变洞形会有利于排水。也可以在树洞最下端插入导水铜管,经常检查防水层和排水情况,每半年左右重涂防腐剂一次。

第二,封闭法。同样将洞内腐烂的木质部清除干净,刮去洞口边缘的坏死组织,但是,用药消毒后,要在洞口表面覆以金属薄片,待其愈合后嵌入树体。也可以钉上板条并用油灰(用生石灰和熟桐油以 1∶0.35 制成)和麻刀灰封闭或直接用安装玻璃的油灰(俗称腻子)封闭,再用石灰、乳胶、颜料粉混合好后,涂抹于表面,还可以在其上压树皮状花纹或钉上一层真树皮,以增加美观。

第三,填充法。首先得有填充材料,如木炭、玻璃纤维、塑化水泥等。现在,聚氨酯塑料是最新型的填充材料,我国已开始应用。这种材料坚韧、结实、稍有弹性,易与心材和边材黏合;操作简便,因其质量轻,容易灌注,并可与许多杀菌剂共存;膨化与固化迅速,易于形成愈伤组织。

具体填充时,先将经清理整形和消毒涂漆的树洞出口周围切除 0.2～0.3 cm 的树皮带,露出木质部后注入填料,使外表面与露出的木质部相平。填充时,必须将材料压实,洞内可钉上若干电镀铁钉,并在洞口内两侧挖一道深约 4 cm 的凹槽,填充物边缘应不超过木质部,使形成层能在它上面形成愈伤组织。外层用石灰、乳胶、颜料粉涂抹。为了增加美观,富有真实感,可在最外面钉上一层真树皮。

第二节　景观绿篱、色带与色块的养护管理

一、绿篱、色带和色块的内涵

(一)绿篱、色带和色块的概念界定

绿篱是由灌木或小乔木以近距离的株行距密植,单行或双行排列组成的规则绿带,又叫植篱、生篱。常用的绿篱植物是黄杨、女贞、龙柏、侧柏、木槿、黄刺梅、蔷薇、竹子等具萌芽力强、发枝力强、愈伤力强、耐修剪、耐阴、病虫害少的植物。色带和色块都是由绿篱进一步发展而成的。

色带是将各种观叶的彩叶树种(主要为小灌木)按照一定的排列方式组合在一起而形成的彩色的带状的篱。色带中常见的树种主要有金叶女贞、红叶小檗、黄杨和桧柏(绿色)等。色块是由色带进一步变化而来的,主要用各种观叶的彩叶树种(主要为小灌木)组成具有一定意义的或具有一定装饰效果的图案或纹样。这些图案或纹样包括规则的圆形、长方形、正方形和椭圆形等几何形,以及自然形和由几何形变化而来的图形。色块的长宽比一般在 1～5 之间。色块无论大小,都各有其自身的艺术效果。只有精心养护好这些景观篱,才能使其发挥自身的功效与价值。

(二)绿篱、色带和色块的作用

在园林绿地中,绿篱、色带和色块的功能丰富,一般具有以下几种作用:用绿篱夹景,可强调主题;可作为花境、雕像、喷泉以及其他园林小品的背景;可构成各种图案和纹样,也可结合地形、地势、山石、水池以及道路的自由曲线及曲面,运用灵活的种植方式和整形技术,构成高低起伏、绵延不断的绿地景观,具有极高的观赏价值;可以防尘防噪、美化环境等。

(三)绿篱的类型

绿篱应用广泛,其种类也相当多。常用的绿篱主要有以下两种分类方法。

1. 按照绿篱的高度分

(1)高绿篱

高绿篱主要用于降低噪声、防尘、分隔空间,多为等距离栽植的灌木或小乔木,可单行或双行排列栽植。它的特点是植株较高,一般在 1.5 m 以上,群体结构紧密,质感强,并有塑造地形、烘托景物、遮蔽视线的作用。

(2)中绿篱

中绿篱在绿地建设中应用最广,高度不超过 1.3 m,宽度不超过 1 m,多为双行几何曲线栽植。它可起到分隔大景区的作用,达到组织游人、美化景观的目的。

（3）矮绿篱

矮绿篱多用于小庭院，也可在大的园林空间中组字或构成图案。它的高度通常在 0.4 m 以内，由矮小的植物带构成，因而游人视线可越过绿篱俯视园林中的花草景物。

2. 按照绿篱的观赏实用价值分

（1）常绿篱

常绿篱由常绿树木组成，是最常见的类型。常用的植物有松、柏、海桐、丁香、女贞、黄杨等。

（2）花篱

花篱由观花植物组成，为园林绿地中比较精美的绿篱，多应用在重点区域。常用的植物有桂花、月季、迎春、木槿、绣线菊等。

（3）观果篱

一些绿篱植物有果实，果熟时可以观赏，别具一格。常用的植物有紫珠、枸骨等。

（4）刺篱

在园林绿地中采用带刺植物作绿篱可起到防范作用，既经济又美观。常用的植物有枸骨、枸杞、小檗等。

（5）蔓篱

在园林或机关、学校中，为了能迅速达到防范或区分空间的作用，常常先建立格子竹篱、木栅围墙或是钢丝网篱，然后栽植藤本植物，使其攀缘于篱栅之上。常用的植物有爬山虎、地锦等。

（6）编篱

为了增强绿篱的防范作用，避免游人或动物穿行而把绿篱植物的枝条编结起来，制作成网状或格栅的形状。常用的植物有木槿、雪柳、紫穗槐、杞柳等。

二、绿篱、色带和色块的土、水、肥及防寒管理

（一）土壤管理

种植绿篱后，土壤会逐渐板结，不利于植株根系的正常生长发育，以致影响萌发新梢、嫩叶。因此，必须进行松土。松土的时间和次数应根据土壤质地及板结情况而定，一般每月松土一次。松土时因绿篱多为密植型，为尽量减少对植株根系的伤害，首先要选择适当的工具，其次要耐心细致。

种植多年的绿篱，因地表径流侵蚀、浇灌水冲刷及鼠害等原因，常出现根部土壤下陷、部分植株根系裸露等现象。这些现象既影响了植株生长，又破坏了美感，因此有必要进行培土。培土时要选用渗透性能好且无杂草种子的沙质土或壤土。培土量以护住根部为宜，培土后需同时辅以浇水湿透土壤。

对于质地差、受污染及过度板结的土壤可采取换土的方法。换土方式有半换土和全换土两种。半换土即取出绿篱一侧旧土换填新土；全换土即将绿篱两侧土壤全部更换。换土应在秋季进行，这时是植株根系生长的高峰期，伤根易成活，容易发出新根。换土过程中需掌握几个主要环节：挖取旧土时要防止因操作不当造成植株倒

伏。取土到根部时,最好使用园艺耙等工具,以不伤及植株根系为宜;换填土要选用质地好、具有一定肥力的土壤;换填时要做到即取即填,以免让植株根系久遭暴露;新土填入后要压实并浇透水,以促进根系与土壤结合;换土后,土壤会出现一定程度的自然回落,这会导致个别植株倾斜,对此要注意观察,加以扶正。

(二)施肥管理

绿篱、色带和色块的施肥方式分为基肥和追肥。一般施基肥在栽植前进行,需要的肥料为有机肥,由植物残体、人畜粪尿和土杂肥等经腐熟而成。有机肥可提高土壤孔隙度,使土壤疏松,有利于土壤积雪保墒,防止冬春土壤干旱,并可提高地温,减少根系冻害。施用量为 $1.05\sim2.0\ \mathrm{kg/m^2}$,具体操作是将有机肥均匀地撒于沟底部,使肥料与土壤混合均匀,然后再栽植。

追肥应该在 2~3 年后进行,因为绿篱、色带和色块栽植的密度较大,不易常常进行施肥。具体方法可分为根部追肥和叶面喷肥两种。根部追肥是将肥料撒于根部,然后与土掺和均匀,随后进行浇水。每次施混合肥的用量为 $100\ \mathrm{g/m^2}$ 左右,施化肥的用量为 $50\ \mathrm{g/m^2}$。叶面施肥时,可以喷浓度为 5% 的氮肥尿素。使用有机肥时必须经过腐熟,使用化肥必须粉碎、施匀。施肥后应及时浇水。叶面喷肥宜在早晨或傍晚进行,也可结合喷药一起喷施。

各地的情况不同,对绿篱、色带和色块施肥的时间也不同。一般来说,秋天施基肥,有机质腐烂分解的时间较充分,可提高矿质化程度,第二年春天就能够及时供给树木吸收和利用,促进根系生长;春天施基肥,肥效发挥较慢,早春不能及时供给根系吸收,到生长后期肥效才发挥作用,往往会造成新梢的二次生长,对植物生长发育不利。

(三)灌水及排水

在绿篱的养护过程中,足够的水分能使其长势优良。春季定植期间,风比较大,水分极易蒸发。为保证苗木成活,应定期浇水,一般 3~5 天一次,具体时间以下午或傍晚为宜,浇完水待水渗入后应覆薄土一层。定植后每年的生长期都应及时灌水,最好采用围堰灌水法,在绿篱、色带和色块的周边筑起围堰,向堰内灌水,围堰高度 15~30 cm,待水渗完以后,铲平围堰或不铲平以备下次再用。浇灌时可用人工浇灌或机械浇灌,有时候也用滴灌。对于冬春严寒干旱、降水量较少的地区,休眠期灌水十分必要。秋末冬初灌水,一般称为"灌冻水"或"封冻水",可提高树木的越冬安全性,并可防止早春干旱,因此对于北方地区,这次灌水不可缺少。

对在水位过高、地势较低等不良环境下种植的绿篱要注意排水,尤其是雨季或多雨天。如果土壤水分含量过高、氧气不足,抑制了根系呼吸,容易引起根系腐烂,甚至整株植株死亡。对耐水力差的树种更要及时排水。对于绿篱的排水,首先要改善排水设施,种植地要有排水沟(以暗沟为宜)。其次在雨季要对易积水的地段做到心中有数,勤观察,出现情况及时解决。

(四)防寒管理

绿篱、色带和色块中的部分树木因寒冷天气而死亡是常有的事,特别是大(小)叶黄杨,经常出现栽植的第一年的春、夏、秋三季绿,冬季黄,第二年春季大面积死亡的现象。出现这种现象主要是苗源问题和栽植位置的问题。比如在我国,苗木的来源多为南方,在北方没有经过驯化就被使用,生长期间不能够适应北方的气候条件,所以被"冻死";而当栽植位置处于风口处,冬季的严寒和多风会使其因缺水而被"抽死"。再就是灌冻水不及时,易在干旱的春季被"渴死"。因此,苗木的防寒工作不可忽视,在选择好苗源的基础上,必须适时"灌冻水",并且避免栽植在风口处。还有一种方法取得了较好的效果,就是冬季覆盖法,操作方法是用彩条布将易受冻害的树木覆盖起来。时间不宜过早或过晚,应该结合当地气候条件来决定,最好在夜间温度为−5℃左右,或白天温度在5℃左右的时候。翌年春季要及时撤除覆盖物,以免苗木被捂。

三、绿篱、色带和色块的修剪整形

绿篱、色带和色块的修剪整形至关重要。一方面能抑制植物顶端生长优势,促使腋芽萌发,侧枝生长,使整体丰满,利于加速成型;另一方面还能满足设计欣赏的需求,取得良好的景观价值。

(一)修剪次数和时间

定植后的绿篱,应先让其自然生长一年,修剪过早,会影响地下根系的生长。从第二年开始按要求进行全面修剪。具体修剪时间主要根据树种确定。

如果是常绿针叶树,因为新梢萌发较早,应在春末夏初完成第一次修剪。盛夏到来时,多数常绿针叶树的生长已基本停止,转入组织充实阶段,这时的绿篱树形可以保持很长一段时间。第二次全面修剪应在立秋以后,因为立秋以后,秋梢开始旺盛生长,在此时修剪,会使株丛在秋冬两季保持规整的形态,使伤口在严冬到来之前完全愈合。

如果是阔叶树种,在生长期中新梢都在加速生长,只在盛夏季节生长得比较缓慢,因此不能规定死板的修剪时间,春、夏、秋三季都可进行修剪。

如果是用花灌木栽植的绿篱,不会修剪得很规则,以自然式为主,通常在花谢以后进行修剪。这样做既可防止大量结实和新梢徒长而消耗养分,又可促进花芽分化,为翌年或下期开花做好准备。要注意及时剪除枯死枝、病虫枝、徒长枝等影响观赏效果的枝条。

对于在整年中都要求保持规则式绿篱的理想树形,应随时根据它们的长势,把突出于树丛之外的枝条剪掉,使树膛内部的小枝越长越密,从而形成紧实的绿色篱体,以满足绿篱造型的要求。

(二)修剪方法和原则

1. 修剪方法

绿篱修剪的方法主要是短截和疏枝。绿篱定植时栽植密度很大,苗木不可能带有很大的根团,为了保持其地上和地下部分的平衡,应对其主枝和侧枝进行重剪,一般将主枝截去1/3以上。第二年全面修剪时,最好不要使篱体"上大下小",否则会给人以头重脚轻之感,下部的侧枝也会因长期得不到光照而稀疏。一般可将其剪成上部窄、下部宽的梯形，顶部宽度是基部宽度 1/2 至 2/3。这样，下部枝叶能接收到较多的阳光。

在修剪绿篱顶部的同时，一定不要忽视对两旁侧枝的修剪，这样才能使其整齐划一。对于一些道路两边的较长绿篱带，手动修剪往往会因为速度太慢而出现参差不齐的现象，可使用电动工具或专门的大型修剪机器进行修剪，这样不但可以节省体力和加快工作速度，而且易剪平、剪齐。雨天时不宜修剪绿篱，因为雨水会弄湿伤口，使之不易愈合，且易感病害。修剪后也不宜马上喷水，以免伤口进水。短截与疏枝时，应注意两者结合，交替使用，以免因短截过多造成枝条密集，树冠内枯死枝、光腿枝大量出现，影响效果。

2. 修剪原则

按不同类型采取不同修剪方式，对整形式绿篱应尽可能使下部枝叶多见阳光，以免因过分荫蔽而枯萎，因而要使树冠下部宽阔，越向顶部越狭，通常以修剪成正梯形或馒头形为佳。对自然式植篱必须按不同树种的各自习性以及当地气候采取适当的调节树势和更新复壮措施。修剪时，应从小到大，多次修剪，线条流畅，按需整形。若按其功能控制修剪高度，就修剪成 50～120 cm 的中篱和 50 cm 以下的矮篱；要让其起到遮挡和防范功能，就修剪成 120～160 cm 的高篱和 160 cm 以上的绿墙。

（三）修剪整形方式

组成绿篱色带和色块的植物种类不同，修剪的方式也不一样；另外，绿篱、色带和色块的立面和断面的形状也不尽相同，因此修剪时必须综合考虑。

自然式绿篱就是不对其进行专门的整形，在成长的过程中只做一般修剪，剔除老枝、枯枝与病枝，其他的枝叶任其自然生长。比如一些密植的小乔木，如果不对其进行规则式修剪，常长成自然式绿篱，因为栽植密度较大，侧枝相互拥挤、相互控制生长，所以不会过分杂乱，但栽种时应选择生长较慢、萌芽力弱的树种。自然式绿篱多用于高篱或绿墙。半自然式绿篱也不需进行特殊整形，但在一般修剪中，除剔除老枝、枯枝与病枝外，还要使绿篱保持一定的高度，下部枝叶茂密，从而使绿篱呈半自然生长状态。整形式绿篱就是将篱体修剪成各种几何形体或装饰形体。为了保持绿篱应有的高度和平整而匀称的外形，应经常将突出轮廓线的新梢整平剪齐，并对两面的侧枝进行适当的修剪，以防分枝侧向伸展太远。修剪时最好不要使篱体上大下小，否则会造成下部枝叶的枯死和脱落。在进行整形修剪时，为了使整个绿篱的高度和宽度均匀一致，应打桩拉线进行操作，以准确控制篱体的高度和宽度。

绿篱的配置形式和断面形状可根据不同的条件而定。在确定篱体外形时，一方面应符合设计要求，另一方面还应与树种习性和立地条件相适应。通常篱体多用直线形，但在园林中，为了特殊的需要，如便于安放座椅和塑像等，也可栽植成各种曲线或几何图形。在整形修剪时，立面形体必须与平面配置形式相协调。

篱体外形根据绿篱横断面的形状可以分为以下几种形式。

1. 方形

这种造型比较呆板，顶端容易因积雪受压、变形，下部枝条也不易接收充足的阳光,以致部分枯死而稀疏。

2. 梯形

这种篱体上窄下宽,有利于基部侧枝的生长和发育,不会因得不到阳光而枯死。篱体下部一般应比上部宽 15～25 cm,而且东西向的绿篱北侧基部应更宽些,以弥补光照的不足。

3. 圆顶形

这种绿篱适合在降雪量大的地区使用,便于积雪向地面滑落,防止篱体被压弯变形。

4. 柱形

这种绿篱需选用基部侧枝萌发力强的树种,要求中央主枝能笔直向上生长,不扭曲,多用作背景屏障或防护围墙。

5. 尖顶形

这种造型有两个坡面,适合宽度在 1 m 以上的绿篱。

绿篱的纵断面形状有长方式、波浪式、长城式等。

(四)更新复壮与补植

1. 更新复壮

当绿篱衰老后,萌芽能力差,新梢生长势弱,年生长量很小,侧枝少,篱体就会空裸变形,失去观赏价值。因此,应该进行更新复壮。

绿篱衰老的原因有:绿篱内部枝叶过密,通风透光不良,特别是夏天,篱内温度、湿度过高,造成霉烂、病变等现象,枝干坏死,叶片脱落;浇水、施肥等日常养护管理做得不到位,植物生长必需的营养跟不上,造成绿篱生长不良;对病虫害的危害认识不深,不了解出现虫害用什么药;用药不当,力度不够,虫害控制不住;人为的破坏。

进行更新复壮的时间应当适宜,阔叶树种可在秋末冬初进行,常绿树种可在 5 月下旬到 6 月底进行。更新所需要的时间一般为三年。第一年是疏除过多的老枝。这是因为绿篱经过多年生长,内部萌生了许多新主干,从而使主干密度增加。同时因每年短截新枝,促发了许多新枝条,造成整个绿篱内部不通风、不透光,处于里面的主干下部的叶片枯萎脱落,所以,应根据实际密度要求,疏除过多老主干,保留新主干,改善绿篱的生长环境。

平茬是更新常用的一种方法,主要针对萌发和再生能力强的阔叶树种。此法将绿篱从基部平茬,只留 4～5 cm 的主干,其余全部剪去。一年之后侧芽大量萌发,重新形成绿篱的雏形,两年后恢复原貌。还有一种方法就是间伐,主要针对再生能力较弱的常绿针叶树种,它们不能采用平茬,只能通过间伐,加大植株行距,改造成非完全规整式绿篱。

2. 补植

如果绿篱因各种原因,而出现部分植株死亡或枝叶脱落等现象,必须进行补植。补植的时间一般在春季。补植的密度根据具体使用的功能、树种、苗木规格和栽植地带的宽度而定。一般情况下,矮篱和普通绿篱的株距为 30～50 cm,行距为 40～

60 cm。双行补植时可用三角形交叉排列。

补植时，应把死苗或影响观赏的苗木挖掉，然后根据原绿篱的高度、苗木种类和宽度选择补植苗，补植苗应修剪到和原绿篱相同的高度。沟植法是常用的补植方法，沟深应比苗根深30～40 cm，补植后及时浇水，次日扶正踩实。

四、绿篱、色带和色块的病虫害防治

(一)大叶黄杨褐斑病及防治

大叶黄杨褐斑病主要侵染黄杨叶片，发病初期，叶片上出现黄色的小斑点，后变为褐色，并逐渐扩展成为近圆形或不规则形的病斑，直径为5～10 mm。发病后期，病斑变成灰褐色或灰白色，病斑边缘色深，病斑上有轮纹。再到后来，病斑可连接成片，严重时叶片发黄脱落，植株死亡。8—9月为发病盛期。管理粗放、多雨、排水不畅、通风透光不良发病重，夏季炎热干旱、肥水不足、树势生长不良也会加重病害发生。

大叶黄杨褐斑病的防治方法有：加强肥水管理，增强植株的抗病能力；及时清除枯枝、落叶等病残体，减少初侵染源；合理修剪，增强通风透光能力，提高植株抗性；发病初期喷洒47%加瑞农可湿性粉剂600～800倍液、40%福星乳油4 000～6 000倍液、10%世高水分散粒剂4 000～6 000倍液、10%多抗霉素可湿性粉剂1 000～2 000倍液、6%乐比耕可湿性粉剂1 500～2 000倍液、70%甲基托布津可湿性粉剂1 000倍液或75%百菌清可湿性粉剂800倍液。

(二)金叶女贞叶斑病及防治

病症表现为发病叶片上产生近圆形的褐色病斑，常具轮纹，边缘外围常呈黄色。初期病斑较小，扩展后病斑直径达1 cm以上，有时病斑融合成不规则形状。发病叶片极易从枝条上脱落，从而造成严重发病区域金叶女贞枝干光秃的现象。病菌在病叶中越冬，由风雨传播。金叶女贞叶斑病的防治方法可参照大叶黄杨褐斑病。

(三)双斑锦天牛危害及防治

1. 双斑锦天牛的形态特征

双斑锦天牛成虫呈栗褐色；头和前胸密被棕褐色绒毛；鞘翅密被淡灰色绒毛，每个鞘翅基部有1个圆形或近方形的黑褐色斑，翅中部有1个较宽的棕褐色斜斑，翅面上有稀疏小刻点。老熟幼虫躯体呈圆筒形，浅黄白色；头部褐色，前胸背板有1个黄色近方形斑纹。一年发生一代，以幼虫形态在树木的根部越冬。卵产在离地面20 cm以下的粗枝干上，产卵槽近长方形。

2. 双斑锦天牛的危害

双斑锦天牛主要危害大叶黄杨、冬青、卫矛、十大功劳等。成虫羽化后，以嫩枝皮层和叶脉作为补充营养，可造成被害枝上叶片枯萎。幼虫多在20 cm以下的枝干内活动，形成弯曲不规则的虫道，严重时，可使枝干倒伏或死亡。

3. 双斑锦天牛的防治方法

定期除草，清洁绿篱，尤其注意新栽植苗木是否带入该虫，一旦发现可人工拔除受害植株并将根茎处幼虫杀死；成虫羽化期，可在树下寻找虫粪，看是否危害树干，寻找捕捉成虫，或利用成虫的假死性，在树下放置白色薄膜，摇树捕捉成虫；可在成虫羽化初期至产卵期的 5 月,喷洒 40％氧化乐果乳油 1 500 倍液,树干及树下草丛必须喷湿;严重时,可用磷化锌毒杀幼虫。

第三节　景观草坪与花卉的养护管理

一、草坪的养护管理

(一)草坪养护管理标准

草坪养护管理标准分三个等级。一级草坪养护管理要求草坪覆盖率达 95％,无杂草、杂物,草坪草生长良好,叶色浓绿,修剪整齐,无病虫害;二级草坪养护管理要求草坪覆盖率达 90％,杂草、杂物较少,草坪草保持正常生长,叶色正常且无枯黄叶,修剪基本整齐,病虫害较少;低于前面管理标准的则为三级草坪养护管理。

(二)草坪的作用

草坪在绿化中占据比例较大,对提高绿化率起着重要作用。

草坪的具体作用有:覆盖裸露的黄土地面,防止尘土飞扬及水土流失;净化空气,减弱噪声,调节空气温湿度;缓解阳光辐射,保护人的视力;带给人们清新、舒适的感受,如小草刚萌发出来或雨后能闻到草坪的清香。

(三)草坪的分类

1. 按草坪草的生长气候划分

草坪按草的生长气候分为两种:暖季型草坪和冷季型草坪。

(1)暖季型草坪

暖季型草坪主要由能忍耐高温和高降水量,但不抗低温的草坪草组成。这种草坪的草坪草,其生长最适温度为 26～32 ℃,当气温低于 10℃就会进入休眠状态。主要分布在热带和亚热带地区,多种植于我国长江流域及以南地区。

(2)冷季型草坪

冷季型草坪主要由能在寒冷的气候条件下正常生长发育的草坪草组成。这种草坪的草坪草,其生长最适温度为 15～25 ℃,当气温高于 30 ℃时,生长缓慢,并且易发生问题。主要分布于我国华北、东北、西北等地区。

2. 按草坪草的组成划分

草坪按组成分为三种:纯种草坪、混合草坪、缀花草坪。

(1)纯种草坪

纯种草坪又称单纯草坪或单一草坪,是指只由一种草本植物组成的草坪。这种草坪生长整齐美观,高矮、稠密、叶色等一致,需要科学种植和精心保养才能实现。园林绿地中普遍受到人们青睐的纯种草坪草是细叶结缕草。

(2)混合草坪

混合草坪是指由两种以上禾本科草本植物混合播种组成的草坪。可按照草坪植物的性能和人们的需要,选择合理的混合比例,如耐热性强和耐寒性强的草种混合、宽叶草种和细叶草种混合、耐践踏和耐强剪的草坪混合。混合草坪不仅能延长绿色观赏期,而且能提高草坪的使用效果。

(3)缀花草坪

缀花草坪是指以禾本科草本植物为主,配以少量观花的其他多年生草本植物组成的观赏草坪。常用的观花植物为多年生球根或宿根植物,如水仙、风信子、石蒜、葱莲、紫花地丁等,其用量一般不超过草坪面积的 1/3。

与纯种草坪和混合草坪相比,缀花草坪在养护管理上需注意的事项较多。为使草坪管理容易,点缀植物多采用规则式种植。深耕细耙,使土粒细碎,地表平整,土层厚度宜为 25～30 cm。在整好的土地上,根据设计要求,首先种植观花植物,可用图案式种植,也可等距离点缀,为使草坪修剪更容易,也可将草花图案用 3 cm 厚、20 cm高的水泥板围砌起来,之后进行播种。根据不同草坪草的品种及当地气候特点,按要求播种。及时清除杂草,保证草坪草的正常生长。小苗长出两叶一芯时应补肥,每平方米可施硫酸铵 10 g,此后少施氮肥,增施钾肥。适时适量浇水使土壤保持一定的湿度,有利于草坪生长。一般情况下每年禾草修剪 3 次,当年的实生苗可以不修剪。对于观花植物,花开之后应及时剪除残花败叶。注意天气变化,如遇连阴雨天,应防治病虫害。

3. 按草坪的用途划分

草坪按用途主要分为七种:游憩草坪、观赏草坪、花坛草坪、疏林草坪、运动场草坪、飞机场草坪和放牧草坪。

(1)游憩草坪

游憩草坪随(地)形植草,一般面积较大,管理粗放,供人们散步、休息、游戏之用。其特点是可在草坪内配植孤植树、树丛,点缀石景,能容纳较多的游憩者。

(2)观赏草坪

观赏草坪又称装饰性草坪。如布置在广场雕塑、喷泉周围和建筑纪念物前等处,作为主景的装饰和陪衬。这类草坪,不允许游人入内践踏,专供观赏之用。

(3)花坛草坪

花坛草坪是指混生在花坛中的草坪。实际上它是花坛植物的一部分,常作花坛的填充或镶边材料。

(4)疏林草坪

花坛草坪是指与树木配植的草坪。这类草坪多利用地形排水,管理粗放,造价低。一般建植在城市近郊或工矿区周围,与疗养区、风景区、森林公园或防护林带相结合。它的特点是夏天可庇荫,冬天有阳光,可供人们活动和休息。

(5)运动场草坪

运动场草坪是指供开展体育活动用的草坪。如足球场、网球场、高尔夫球场及儿童游戏活动场草坪等。

(6)飞机场草坪

飞机场草坪是指为保持驾驶员的视野,避免栖林飞鸟以及气流扬起灰尘杂物而种植的草地。

（7）放牧草坪

放牧草坪是指在森林公园或郊野公园与风景区内以放牧为主的草地。

（四）常见的草坪草

1. 黑麦草

草坪型黑麦草为冷地型草坪草，属于禾本科黑麦草属多年生草本植物，叶片深绿色且富有弹性，喜潮湿、无严冬、无酷暑的凉爽环境，具有较强的抗旱能力，剪后再生力强，侵占力强，耐磨性好，较耐践踏。目前引进的许多品种都有不错的耐热能力，最适 pH 为 6.0～7.0。由于它成坪快，可以起保护作用，常将它用作"先锋草种"。

草坪型黑麦草适宜的留茬高度为 3.8～6.4 cm，原则是每次剪去草高的 1/3。在生长旺盛期，要经常修剪草坪。如果草长得过高，可以通过多次修剪达到理想的高度。每次修剪应改变方向，以促进草直立生长。

草坪型黑麦草性喜肥，在北方应春季施肥，在南方应秋季施肥。在土壤肥力低的条件下，应每年早春和晚夏各施一次肥。化肥和有机复合肥均可作为草坪肥料施用。一般土壤全价复合肥的施用量为 20 kg/亩（1 亩≈667 m²，下同），氮、磷、钾的配比控制在 5∶3∶2 为宜。在生长期，定期喷施氮肥有助于保持叶色亮绿。

在生长期间，应适时灌水。浇水应至少浇透 5 cm。在秋末草停止生长前和春季返青前应各浇一次水，要浇透，这对草坪越冬和返青十分有利。

2. 匍匐紫羊茅

匍匐紫羊茅为冷地型草坪草，属于禾本科羊茅属多年生草本植物。它具有短的根茎及发达的须根，适应性强，寿命长；有很强的耐寒能力，在 -30℃ 的寒冷地区，能安全越冬；春秋生长繁茂，不耐炎热；耐阴、抗旱、耐酸、耐瘠，最适于在温暖湿润气候和海拔较高的地区生长，在 pH 为 6.0～7.0、排水良好、质地疏松、富含有机质的沙质黏土和干燥的沼泽土上生长最好；再生力强，绿期长，较耐践踏，修剪频率低，适宜于温寒带地区建植高尔夫球场、运动场以及园林绿化、厂矿区绿化和水土保持等各类草坪。

匍匐紫羊茅适宜的留茬高度为 3.8～6.5 cm，原则是每次剪去草高的 1/3。在生长旺盛期，要经常修剪草坪。养护水平低时，也应在晚春进行一次修剪以除去种穗。如果草长得过高，可通过多次修剪达到理想的高度。每次修剪应改变方向，以促进草直立生长。

匍匐紫羊茅对土壤肥力要求较低，在北方春季施肥，化肥和有机复合肥均可作为草坪肥料施用。一般土壤全价化肥的施用量为 15～20 kg/亩，氮、磷、钾的配比控制在 2∶1∶1 为宜。

浇水不要过量，因匍匐紫羊茅不耐涝。浇水应避开中午阳光强烈的时间，应浇透、浇足，至少湿透 5 cm。在秋末草停止生长前和春季返青前应各浇一次水，这对草坪越冬和返青十分有利。

在草坪草生长期，为了使坪面平整，易于修剪，应将沙、土壤和有机质按原土的土质混合，均匀施入草坪中，施加的厚度应低于 0.5 cm。若新建草坪的土壤表面没有凹凸不平的情况,这项工作可不做。

(五)草坪的灌溉与排水

草坪的需水量也是相当大的,尤其是在干旱的地区,一旦草坪不能及时得到浇灌,极易造成生长不良或是在短期内大面积死亡,有时还会因缺水感染病虫害。正确的灌溉方法和适当的灌溉时间是保证草坪生长、实现草坪建植目的的重要条件。当然,水过多也不利于草坪的生长发育,因此,排水问题也应考虑。

1. 草坪的灌溉

适当的灌溉可促进草坪植物的生长,提高其茎叶的耐踏和耐磨性能,并能促进养分的分解和吸收。除土壤的封冻期外,其他时期都应该让草坪土壤保持湿润,尤其是保水性差的草坪。不同类型的草坪具有不同的灌溉时间,冷季型草坪的主要灌水时间是 3—6 月、8—11 月,暖季型草坪的主要灌水时间是 4—5 月、8—10 月,苔草类的主要灌水时间是 3—5 月、9—10 月。一天中灌水的时间在无风、湿度高和温度较低的夜间或清晨为宜,此时,灌溉的水分损失最少,而中午灌溉则会使草坪冠层湿度过大,易导致病害的发生。

灌溉的次数依据各类草坪的不同需水量而定。保水性好的土壤,只需每周一次;保水性较差的沙土则应每周两次,每 3 天左右浇一次;对于壤土和黏壤土,灌溉的基本原则是"一次浇透,干透再灌溉"。应当避免频繁和过量的灌溉,土壤过湿,易使草坪感染病害,降低抵抗力。草坪的灌溉方法有漫灌和喷灌,漫灌极易造成局部水量不足或局部水分过多,甚至"跑水",所以,常用的方法是喷灌。

现有的喷灌有移动式、固定式和半固定式三种。移动式喷灌不需要埋设管道,但要求喷灌区有天然水源(如池塘、小溪、河流等),利用可移动的动力水泵和干管、支管进行灌溉,使用方便灵活。固定式喷灌有固定的泵站(自来水),干管和支管均埋于地下,喷头固定,操作方便、不妨碍地面活动、无碍观赏,但投资大,易被损坏,因此,最好临时安装喷头进行灌溉。半固定式喷灌其泵站和干管固定,支管可移动,适用范围广。

2. 草坪的排水

草坪的排水问题应在兴造草坪的时候就开始考虑,平整地面时,不应该有低凹处,以避免积水。理想的草坪的表面是中部稍高,逐渐向四周或边缘倾斜。因此,草坪一般都是利用缓坡排水,主要方法是在一定面积内修一条缓坡地沟道,最低的一端设口接纳排出的地面水,使其从地下管道或其他接纳的河、湖排走。还有的草坪设计的排水设施是用暗管组成一个系统,与自由水面或排水管网相连接。

(六)草坪的施肥

要想草坪维持正常的生长和美丽的外观,施肥是必不可少的。一般,草坪草需要的营养元素有氮、磷、钾、钙、镁、硫、铁等,只有充分合理地进行施肥,才能促使草坪生长良好、紧密均匀、根系发达、叶片浓绿和抵抗性强,才能展示优质的景观效果。

1. 草坪的施肥时间

草坪兴造开始时,就应在土壤中施入一定量的有机肥料作基肥,之后每年应追施

1～2次肥。冷季型草坪每年施肥2次,时间为早春和早秋;暖季型草坪应在早春和仲夏进行,北方以春施为主,南方以秋施为主。春季施肥有利于加速草坪草的返青速度和增强夏季草坪的长势,秋季施肥有利于延长绿期,促进第二年生长新的分枝和根茎。另外,还可根据草坪草的外观特征来确定施肥时间,如当草坪颜色褪绿变浅、暗淡、发黄发红、老叶枯死时,就应及时施肥。

2. 草坪的施肥原则

第一,根据草坪草种类与需要量施肥即按不同草坪草种、生长状况施肥。有的草坪草需氮较多,比如禾本科、莎草科、百合科等单子叶草种,则应以氮肥为主,配合施用磷钾肥。有的草坪草根部具有根瘤,有固氮能力,氮肥需要量相对少,而磷钾肥需要量相对多,比如豆科类,则应以磷钾肥为主。冷季型草坪一般春季轻施,夏季少施,秋季多施。

第二,根据土壤肥力合理施肥。一般黏重土壤前期多施速效肥,但用量不能过多;沙性土壤应多施有机肥,少施化肥。

第三,肥料种类要合理搭配。不能单独施用某一或两种营养元素,要施用满足植物生长需要的各种营养元素。

第四,灌溉与施肥相结合。在干旱的地区,施肥要结合灌溉或降水,才能保证肥效的充分发挥,一般情况下每追1次肥相应灌水1次。

第五,根据肥料的特性施肥。酸性肥料应施入碱性土壤中,碱性肥料应施入酸性土壤中,这样就可以充分发挥肥效和改良土壤。

3. 草坪的施肥方法

草坪的施肥方法主要是撒施、叶面喷肥和局部补肥。选择适当的施肥方法才能使肥料发挥最好的效用,促进草坪的良好生长。

(1)撒施

撒施一般是用手撒或用机器撒,原则为撒匀。为了达到要求可以把总肥量分成2份,分别以互相垂直方向分两次撒,切忌有大小肥块落于叶面或地面。避免叶面潮湿时撒肥,撒肥后必须及时灌水。在草坪整个生长期间都可用此法施肥。

(2)叶面喷施

根据肥料种类不同,溶液浓度为 0.1% ~ 0.3%,选用好的喷洒器,喷洒应均匀。一般小面积的草坪可人工喷洒,大面积的草坪可用机器固定喷洒。

(3)局部补肥

草坪中的某些局部长势会明显弱于周边,这时,应及时增施肥料,就叫补肥。补肥种类以氮肥和复合化肥为主,补肥量依草坪的生长情况而定,通过补肥,使衰弱的局部与整体的长势达到一致。

4. 草坪施肥产生的危害及补救措施

科学的施肥能够提高草坪的品质,能够促使草坪返青提前,绿期延长,品质提高。然而,施入过量的化肥或未充分腐熟的有机肥,会导致肥害的产生,如不及时补救,会对草坪产生极大的危害。当施入无机肥过量时,会造成土壤溶液浓度过高,使作物对养分和水分的吸收受阻,造成生理干旱,根系吸水困难。一般肥害的症状为:叶片出现水状斑,细胞失水死亡后留下枯死斑点,叶肉组织崩坏,叶绿素解体,叶脉间出现点、块状黑褐色伤斑,并发生烂根、根部变褐、叶片变黄等现象。如果将未充分腐熟的鸡粪、猪粪、人粪尿等施入田间,会分解释放出有机酸和热量,根系由于受到高酸、高温的影响,容易引起植株失水萎蔫。

当草坪发生肥害而不及时补救时,1~2周后草坪逐渐死亡。因此,在施肥时必须注意严格掌握好浓度,切不可超过规定。一旦出现肥害,应立即采取相应措施。如果是土壤溶液浓度过高引起的,可立即浇一次水,进行缓解,使其逐渐恢复生机。如果是根外追肥时浓度过高引起的,浇水后需追喷一次 600~800 倍的 PA-101 溶液,再结合浇一次水,即可缓解。若草坪因喷农药或生长抑制剂过多而出现生长异常现象时,也可喷洒 600~800 倍的 PA-101 溶液进行补救。

（七）草坪的修剪

草坪的修剪是所有草坪养护管理中最基本又最重要的,如果不修剪,草坪草徒长,枯草层增厚,病虫害滋生,草坪就很难保持致密性,并且缺少弹性,退化加快。要使其保持整洁美丽的外观,充分发挥其所有功能,就必须有相对多的定期修剪。

1. 草坪的修剪时间及频率

就全年而论,草坪修剪的时间一般都在 4—11 月。因为春季是草坪根系生长量最大的季节,过度修剪会减少营养物质的合成,从而阻止草坪根系纵向和横向的发育。春季贴地面修剪会形成稀而浅的根系,这必将减弱草坪草在整个生长期的生长。所以,无论是冷季型草坪还是暖季型草坪,都不需多次修剪。修剪的时间、次数都应该按照不同草生长状况的不同而定。对于修剪的次数而言,修剪高度对其有很大影响。一般情况下修剪得越少,修剪次数越多;修剪得越多,修剪次数相应地越少。

2. 草坪的修剪高度

留茬高度是指修剪之后测得的地面上枝条的高度。一般草坪的留茬高度为 3~4 cm,足球场的草坪留茬高度为 2~4 cm,耐阴草坪的留茬高度可能会更低些。修剪高度范围是由草种的特性决定的,剪去的部分应小于叶片原本高度的 1/3。通常草坪草长到 6 cm 时就应修剪,如果超过这个高度,将导致草坪草直立生长,而无法形成致密的草坪。草坪草的修剪高度是有限度的,否则会产生不良效应。修剪过低时,草坪草的茎部受伤害,大量的生长茎叶被剪除,使草丧失再生能力;而且大量茎叶被剪除,植物的光合作用受到限制,草坪处于亏供状态,导致根系减少,贮存养分耗尽,草坪衰退,产生草坪"秃斑"。修剪过高时,草坪将给人一种蓬乱、极不整洁的感觉,同时芜枝层密度增加,嫩苗枯萎,顶端弯曲,叶质粗糙,草坪的密度大大下降。

3. 草坪的修剪方法

同一草坪应使用不同的方法修剪,防止在同一地点、同一方向的多次重复修剪,否则很可能造成该处的草坪长势弱,使草叶定向生长。采用"之"字形修剪法是草坪修剪中常用的方法,即在一定面积的草坪上来回修剪。这样,草的茎叶的倾斜方向不同,对光线的反射方向发生变化,能在视觉上产生明暗相间的条纹状,增加草坪的美学外观。

剪草机类型的选择也能影响草坪的修剪质量。通常,剪草机分为两种,一种是旋刀式剪草机,另一种是滚筒式剪草机。要选择最佳的剪草机往往应考虑草坪品质、留茬高度、草坪草类型及品质、刀刃设备、修剪宽度及配套动力等因素,实则就是选用经济实用的机型。滚筒式剪草机工作时,滚轴旋转将叶片卷进锋利的刀床,可以将草剪割得十分干净,因此,它是高质量草坪最适用的机型,但其价格和保养标准都很高。因此最流行的类型还是旋刀式剪草机。但是旋刀式剪草机的剪割不是十分整齐、干净,故多用于低保养草坪的修剪。当然,修剪后,留在草坪上的草屑应及时清除,否则不仅影响美观,还容易滋生病菌。但是如果草屑较少就不需要清理,因为它们落到地表会增加土壤肥力。

（八）草坪的除草

我国常见的单子叶一年生草坪杂草有狗尾草、马唐、画眉草、虎尾草等,多年生草坪杂草有香附子、冰草、白茅等;双子叶一年生草坪杂草有灰菜、苋菜、龙菜、鸡眼草等,二年生草坪杂草有委陵菜、夏至草、附地菜、臭蒿、独行菜等,多年生草坪杂草有苦菜、田旋花、蒲公英、车前草等。杂草与草坪草争水、争肥、争光照,不但危害草坪草的生长,同时还会使草坪的品质、艺术价值或功能显著退化,尤其是在公园中,杂草将大大地影响草坪的外观形象。所以,必须及时防除杂草。

1. 草坪杂草人工防除

人工除草是草坪除草常用的方式,比较灵活,不受时间与天气的限制,用手拔草既能将杂草拔除,又不影响草坪的美观。对于大型草坪,定期的修剪也能抑制杂草的生长,减弱杂草的生存竞争能力,以达到防除杂草的目的。

2. 草坪杂草化学防除

化学除草需使用专门防除杂草的化学除草剂,如 2,4-D 类、二甲四氯类化学药剂,适度喷洒能杀死双子叶植物,而对单子叶植物很安全。还有有机砷除草剂、甲胂钠等药剂,可防除一年生杂草。使用化学除草剂,应在杂草正处于旺盛的状态,气温是 18~29℃时,效果会相对较好。此外,还应注意用药量及安全。

不同时期草坪杂草化学防除措施不同。为了草坪草的安全起见,所用的除草剂最好预先进行小面积的试验,以测定在当地环境条件下,所使用的除草剂及使用剂量对草坪草的安全性。

首先,播种或移栽前杂草的防除。一般可在播种前或移栽前,灌水诱发杂草萌发,杂草萌发后幼苗期根据杂草发生的种类选择使用灭生性或选择性除草剂,进行茎叶喷雾处理。

其次,播种后苗前杂草的防除。在播种后,杂草和草坪草发芽前,用苗前土壤处理剂处理。根据草坪草、杂草的种类选用不同的选择性除草剂,进行土壤喷雾封闭处理。播种后苗前施用除草剂的风险性极大,极易出现药害,为保证草坪草的绝对安全,一定要对草坪草进行安全性试验。

最后,草坪幼苗期或草坪移栽后杂草的防除。草坪草幼苗对除草剂很敏感,最好延迟施药,一般等到新草坪修剪2～3次再施药。如果杂草严重,必须施药,可选用对幼苗安全的除草剂,在杂草2～3叶期进行茎叶处理。

3. 草坪杂草综合防除

草坪杂草防除应以预防为主,施行综合防除。即针对各种杂草的发生情况,采取相应措施,创造有利于作物生长发育而不利于杂草繁殖、蔓延的条件。综合防除的具体措施有以下几点:

第一,严格执行杂草检疫制度。植物检疫,即对国际和国内各地区所调运的种子苗木等进行检查和处理,防止新的外来杂草远距离传播,是防止杂草传播的有效方法之一。许多检疫性杂草的传播是在频繁调种中传入的。因此,必须严格执行检疫制度,严防引种时传入杂草。

第二,清洁草坪周边环境。草坪周边环境中的杂草是草坪杂草的主要来源之一,这些地方的杂草种子通过风吹、灌溉、雨淋等方式进入草坪。所以应及时除去草坪周边如路边、河边及住宅周边等环境的杂草,减少草坪杂草来源。农家肥中往往含有大量杂草种子,因此农家肥要经过50～70天的堆肥处理,经腐熟杀死杂草及其种子后才能使用。

第三,适时播种,使用合理的建植方法。草坪一般要求适时播种,其适宜的播种期根据草坪种类生物学特性以及当地的自然条件而异。例如,在冷凉地区,冷季型草坪(如早熟禾)最宜8月中旬至9月中旬秋播。因为其最适生长温度是15～25℃,秋季土壤水分充足,气温逐渐下降,病虫害的蔓延和杂草的生长速度相对减缓,而对草坪的生长发育非常有利。但也不能太晚,过了9月播种则越冬可能受影响。而春播或夏播则往往是杂草和草坪草一起生长,草坪草生长受杂草的抑制,容易形成草荒。所以冷季型草坪以秋播为好,而暖季型草坪(如结缕草)播种则是5—7月最好。其最适生长温度为25～35℃,生长季节短,应在雨季夏播,以利于幼苗越冬。在我国南方地区,冷季型禾草也以秋播为宜。

草坪杂草的生长需要一个适合的生态位,因此,在草坪草种的选用和搭配上应注意适当密植草坪草,建立起草坪草的最大生态位,压缩杂草的生态位,降低杂草生长的空间。例如,选择冷季型草坪草与暖季型草坪草混合播种建植草坪,可以最大限度地降低杂草的生态位,迫使杂草因缺肥、缺光而生长不良或死亡,从而降低草坪杂草的竞争优势。阔叶草坪则应适当增加草坪草种植密度,抑制杂草的生长。也可以选用或选育抗草甘膦的草坪草品种,使草坪杂草的药剂防除技术简单化,低耗、高效、安全地对草坪杂草进行防除。

对草坪建植基地杂草及其种子的处理效果直接决定了草坪建成后草坪杂草的发生与危害程度。由于土壤中存在一个庞大的杂草"种子库",大量的杂草种子被掩埋在土壤的不同深度,因此,"种子库"中的杂草萌发很不整齐,只要条件适宜,杂草种子就会陆续萌发、生长。

因此,要求在草坪建坪前的1～2年里连续对拟用以建植草坪的基地上的杂草及其种子采用药剂熏蒸或灭生的方法进行彻底处理。可以选用灭生性除草剂于春季杂草3~4叶期喷施除草,效果理想。对没有死亡的多年生杂草可以用圆盘耙进行耙除,也可以用内吸性灭生除草剂进行防除,对少数难以防除的杂草,结合人工拔除的方法彻底将多年生宿根性杂草的宿根彻底杀死或拔除。对有些依靠种子进行繁殖的杂草,应在种子成熟前将其彻底杀灭,降低土壤中杂草"种子库"中的杂草种类和数量。可以多次间隔浇水促进"种子库"中的杂草种子萌发,然后用灭生性除草剂进行彻底防除。

(九)草坪的更新复壮

1. 草坪退化的原因

自然因素:草坪的使用年限已达到草坪草的生长极限,草坪已进入更新改造时期;建筑物、高大乔木或致密灌木的遮阴,使部分区域的草坪因得不到充足阳光而难以生存;病虫害侵入造成秃斑;土壤板结或草皮致密,致使草坪长势衰弱。

建坪及管理因素:盲目引种造成草坪草不能安全越夏、越冬,选用的草种习性与使用功能不一致,致使草坪生长不良;没有经过改良的坪床,不能给草坪草的生长发育提供良好的水、肥、气、热等土壤条件;坪床处理不规范(包括坡度过大、地面不平、精细不一)造成雨水冲刷、凹陷;播种不均匀,造成稀疏或秃斑;不正确地使用除草剂、杀菌剂、灭虫剂,以及不合理地施肥、排灌。

人为因素:过度使用运动场区域,如发球区和球门附近,常因过度践踏而破坏了草坪的一致性;在恶劣气候下进行运动,对草坪造成破坏;草坪边缘被严重践踏;粗暴的破坏行为。

2. 草坪更新复壮的措施

更新复壮是保证草坪持久不衰的一项重要的护理工作,作为养护管理工作者,当发现草坪已退化时,可采取以下几种措施进行更新。

第一,带状更新法。具有匍匐茎分节生根的草,如野牛草、结缕草、狗牙根等,长到一定年限后,草根密集老化,蔓延能力退化,可每隔50 cm挖除50 cm宽的一条,增施泥炭土或堆肥泥土,重新垫平空条土地,过一两年就可长满,然后再挖除留下的50 cm,这样循环往复,4年就可全面更新一次。若草坪退化的主要原因是土壤酸度或碱度过大,则应施入石灰或硫黄粉,以改变土壤的pH。石灰用量以调整到适于草坪生长的范围为度,一般是每平方米施0.1 kg。

第二,断根更新法。针对由于过度践踏而造成土壤板结引起的草坪退化,可以定期在建成的草坪上,用打孔机将草坪地面打出许多孔洞。孔洞的深度约10 cm,孔洞内施入肥料,促进新根生长。另外,也可用齿长为三四厘米的钉筒滚压,也能起到疏松土壤、切断老根的作用,然后在草坪上撒施肥土,促其萌发新芽,达到更新复壮的目的。针对一些枯草层较厚、土壤板结、草坪草疏密不均、生长期较长的地块,可采取旋耕断根栽培措施。方法是用旋耕机普旋一遍,然后浇水施肥,既能达到切断老根的效果,又能使草坪草分生出许多新苗。

第三,铺植草皮法。对于轻微的枯黄、斑秃或局部杂草侵占,将杂草除掉后应及时进行异地采苗补植。移植草皮前要修剪,补植后要踩实,使草皮与土壤结合紧密。

如果退化的草坪处于地形变化大或土壤难以改造的地块,应采用铺设草块的方法来恢复。具体铺设时应注意:铲除受损草坪;挖松或回填土壤,施入肥料,尤其是过磷酸钙;草皮铺设厚度高出健康坪面 6 mm 左右,铺设间距 1 cm 左右;把堆肥、沙土各50%的混合物填入草坪间隙;铺设后确保 2～3 周内草坪不干,通常 3 天后,草坪草长出新根,故第一周内保持土壤湿润最为重要;较大地块应适当进行镇压。

第四,一次更新法。如草坪退化枯黄、斑秃达 80%以上,可采取补播法或匍匐茎无性繁殖法。播种前,应把裸露地面的草株沿斑块边缘切取下来,垫入肥沃土壤,厚度要稍高于周围的草坪土层,然后平整地面;播种时,所播草种需与原来草种一致,并对种子进行处理;播种后浇透水,等晾干用碌子轧实地面,使其平整。对修复的草坪应精心养护,使之早日与周围草坪的颜色一致。

二、园林花卉的养护管理

园林花卉种类繁多,有着不同的原产地,其生物学特性及生长发育规律各不相同,因此,它们对环境条件的要求也不相同。有相当部分的多年生花卉在园林绿地中应用,这要比其在苗圃的生长过程长得多。能否有效地使用这些园林花卉,提高其观赏性和延长其使用寿命,关键在于养护管理。不同种类的花卉应采取不同的养护管理措施。

(一)一、二年生花卉的养护管理

在当地栽培条件下,春播后当年能完成整个生长发育过程的草本观赏植物称一年生花卉,如鸡冠花、百日草、万寿菊、千日红、凤仙花等;秋播后次年完成整个生长发育过程的草本观赏植物称二年生花卉,如羽衣甘蓝等。

由于各地气候及栽培条件不同,二者常无明显的界限,园艺上常将二者通称为一、二年生花卉,或简称草花。这类花卉的繁殖方式以播种为主。它们在景观中应用范围很广,常栽植于花坛、花境等处,也可与建筑物配合种植于围墙、栏杆四周。

一、二年生花卉具有生长周期短,能为绿地迅速提供色彩变化;株型整齐,开花一致,群体效果好;种类品种丰富,通过搭配可终年有花;繁殖栽培简单,投资少,成本低;多喜光,喜排水良好、肥沃疏松的土壤等特点。所以,对其进行养护管理时应根据相应的特性采取适当的措施。

1. 一、二年生花卉的水分管理

一、二年生花卉的根一般都比较短浅,因此不耐干旱,应适当多浇水,以免缺水造成萎蔫。根系在生长期不断地与外界进行物质交换,这需要呼吸作用提供能量。如果绿地积水,则土壤缺氧,根系的呼吸作用受阻,久而久之,引起根系死亡,花株也就枯黄。所以,花坛绿地排水要通畅、及时,尤其在雨季,力求做到雨停即干。有些花卉十分怕积水,宜布置在地势高、排水好的绿地。

对于一、二年生花卉,漫灌法是在有条件的情况下常采用的一种灌溉方式,因为这样灌一次透水,可使绿地湿润 3～5 天。用胶管、塑料管引水浇灌也是常用的方法。另外,大面积圃地、园地的灌溉,需用灌溉机械进行沟灌、漫灌、喷灌或滴灌。决定灌溉次数的因素是季节、天气、土质和花卉本身的生长状况。夏季,温度高,蒸发快,灌溉的次数应多于春、秋季;冬季,温度低,蒸发慢,则少浇水或停止浇水。同一种花卉不同的生长发育阶段,对水分的需求量也不同。花卉枝叶生长盛期,需要的水分比较多,可多浇水;开花期,则只要保持园地湿润即可;结实期,可少浇水。

2. 一、二年生花卉的施肥管理

在花卉的生长发育过程中,需要大量的养分供给,所以,必须向周围的土壤施入氮、磷、钾等肥料,来补充养料,满足花卉的需求,使其健康地生长。施肥的方法、时期、施入种类、数量应根据花卉的种类、花卉所处的生长发育阶段、土质等确定。一、二年生花卉的施肥可分为以下三种:

第一,基肥。基肥也称底肥。选用厩肥、堆肥、饼肥、河泥等有机肥料加入骨粉或过磷酸钙、氯化钾作基肥,整地时翻入土中,有的肥料如厩肥、饼肥有时也可进行沟施或穴施。这类肥料肥效较长,还能改善土壤的物理和化学性能。

第二,追肥。追肥用于补充基肥的不足,在花卉的生长、开花、结果期,应定期追施充分腐熟的肥料,及时有效地补给花卉所需养分,满足花卉不同生长、发育时期的特殊要求。追肥的肥料可以是固态的,也可以是液态的。追施液肥,常在土壤干燥时结合浇水一起进行。一、二年生花卉所需追肥次数较多,可 10~15 天追施 1 次。

第三,根外追肥。根外追肥即对花卉枝、叶喷施营养液,也称叶面喷肥。这类肥料一般用于花卉急需养分补给或遇上土壤过湿时。营养液中养分的含量极微,易被枝、叶吸收,因此施用此肥见效快,肥料利用率高。将尿素、过磷酸钙、硫酸亚铁、硫酸钾等配成 0.1%~0.2% 的水溶液于无风或微风的清晨、傍晚或阴天施用,要将叶的正反两面全喷到,一般每隔 5~7 天喷 1 次,雨前不能喷施。根外追肥与根部施肥相结合,才能获得理想的效果。一般花卉在幼苗期吸收量少,在中期茎叶大量生长至开花前吸收量呈直线上升,一直开花后才逐渐减少。准确施肥还取决于气候、管理水平等。施用时不能玷污枝叶,要贯彻"薄肥勤施"的原则,切忌施浓肥。水、肥管理对花卉的生长、发育影响很大,只有合理地进行浇水、施肥,做到适时、适量,才能保证花卉健壮地生长。

3. 一、二年生花卉的整形修剪

一、二年生花卉一般无需大的整形,但是需要及时、合理地修剪,一般运用剪截、摘梢、打梢、剥芽、疏叶、疏蕾、绑扎等措施,对茎干、枝叶进行整理来达到整形、促花的目的。修剪时对萌发力强、容易萌发不定芽的花卉进行重剪,对萌发力弱、不定芽和腋芽不容易萌发的花卉进行轻剪、弱剪,或只采取短截、疏枝即可。修剪的主要方法是摘心、剥芽和疏蕾。

(1)摘心

摘心是指摘除正在生长中的嫩枝顶端。该法用于抑制枝干顶芽生长,控制植株高度,防止徒长,促进分枝,从而达到调整株形和延长花期的目的。对于萌芽分枝力强的花卉,要在开花前多次进行摘心。常需要进行摘心的花卉有一串红、百日草、翠菊、福禄考等。而对于植株矮小、分枝又多的花卉,主茎上着花多且朵大的花卉,以及要求尽早开花的花卉,不应摘心。

（2）剥芽和疏蕾

对于腋芽萌发力强或萌芽太多、繁密杂乱的花卉,应按栽培目的适当地及时剥除腋芽。如果花蕾过多会使养分分散,为保证顶蕾充分发育、花大形美,应将侧蕾或基部花蕾摘除。对于那些因生长过旺、枝叶重叠、通风透光不良而招惹病虫害的花卉,要适当除去部分分枝、病虫叶和黄老枯叶,使之枝叶清晰,叶绿花美,达到赏心悦目的目的。此外,对于牵牛、茑萝等攀缘缠绕类和易倒伏的花卉可设支架,诱导牵引。

4. 一、二年生花卉的中耕除草

在花卉生长期间,疏松植株根际的土壤,增加土壤的通气性,就是中耕。通过中耕可切断土壤表面的毛细管,减少水分蒸发,可使表土中孔隙增加而增加通气性,并可促进土壤中养分分解,有利于根对水分、养分的利用。在春、夏到来后,空地易长草,且易干燥,所以应及时进行中耕,一般在雨后或灌溉后以及土壤板结时或施肥前进行。在苗株基部应浅耕,其余部分可略深,注意别伤根。植株长大覆盖土面后,可不再进行中耕。

除草要除早、除净,清除杂草根系,特别是要在杂草结种子前除清。除草方式有多种,可用锄头铲除和喷洒化学除草剂。除草剂如使用得当,可省工省时,但要注意安全。要根据花卉的种类正确使用适合的除草剂,对使用的浓度、方法和用药量也要注意。此外,运用地膜覆盖地面,既能保湿,又能防治杂草。

5. 一、二年生花卉的防寒越冬

防寒工作主要针对二年生花卉,二年生花卉是在秋季播种,以幼苗过冬。对于石竹、雏菊、三色堇等耐寒性较强的花卉,在北方地区可采用覆盖法越冬,一般用干草、落叶、塑料薄膜等进行覆盖。

（二）宿根花卉的养护管理

宿根花卉是指植株地下部分宿存于土壤中越冬,翌年春天地上部分又萌发生长、开花结籽的花卉。宿根花卉比一、二年生花卉有着更强的生命力,一年种植可多年开花,是城镇绿化、美化极适合的植物材料。而且这类花卉节水、抗旱、省工、易管理,合理搭配品种完全可以达到"三季有花"的目标,更能体现城市绿化发展与自然植物资源的合理配置理念。常见种类有芍药、石竹、楼斗菜、荷包牡丹、蜀葵、天蓝绣球、铃兰、玉簪类、射干等。宿根花卉一次栽植,可多年赏花,但前提是要对它们进行精心的养护,一般分期管理较好。

1. 宿根花卉的土、肥、水管理

在栽植时,应深翻土壤,并大量施入有机质肥料,以保证较长时期的良好的土壤条件。此外,不同生长期的宿根花卉对土壤的要求也有差异,一般在幼苗期喜腐殖质丰富的疏松土壤,而在第二年以后则以黏质壤土为佳。定植后一般管理比较简单、粗放,施肥也可减少。但要使其生长茂盛,花多花大,最好在春季新芽抽出时施以追肥,花开前后可各追肥一次。秋季叶枯时可在植株四周施以腐熟厩肥或堆肥。宿根花卉比一、二年生花卉耐干旱,适应环境的能力更强,浇水次数可少于一、二年生花卉。但在其生长期,仍需按照各种花卉的习性,给予适当的水分,在休眠前则应逐渐减少浇水。另外,需要注意排水的通畅性。

2. 宿根花卉的整形修剪

宿根花卉一经定植以后连续开花,为保证其株形丰满,达到连年开花的目的,还要根据不同类别采取不同的修剪手段。

(1)修剪

在养护时可通过修剪来调节花期与植株高度。如荷兰菊自然株型高大,要使其花多、花头紧密且在国庆节开花,就应修剪 2～4 次。具体方法是 5 月初进行一次修剪,株高以 15～20 cm 为好;7 月再进行第二次修剪,注意分枝均匀,株型均称、美观,或修剪成球形、圆锥形等不同形状;9 月初进行最后一次修剪,此次只摘心 5～6 cm,以促进其分枝、孕蕾,保证国庆节开花。

(2)摘心

多年开花、植株生长过于高大、下部明显空虚的花卉应进行摘心,有时也会为了增加侧枝数目、多开花而摘心。如宿根福禄考,当苗高 15 cm 左右时进行摘心,以促发分枝,控制株高,从而保证株丛丰满矮壮、花量增加及开花延迟。

(3)疏蕾

在花蕾形成后,为保证主蕾开花所需的营养充足,往往摘除侧蕾,以提高开花质量。如菊花 9 月现蕾后,每枝顶端的蕾较大,称为“主蕾”,开花较早;其下方常有 3～4 个侧蕾,当侧蕾可见时,应分 2～3 次摘除,以免空耗养分,从而使主蕾开花硕大。有时为了调整开花速度,使全株花朵整齐开放,则分几次疏蕾,花蕾小的枝条早疏侧蕾,花蕾大的枝条晚疏侧蕾,最后使每枝枝条上的花蕾大小相似,开花大小也近似。

3. 宿根花卉的防寒越冬

如何防寒越冬是花卉管理必须注意的事情,宿根花卉的耐寒性较一、二年生花卉强,冬季地上部分无论是落叶的,还是常绿的,均处于休眠、半休眠状态。常绿宿根花卉在南方可露地越冬,在北方应温室越冬。落叶宿根花卉大多可露地越冬。露地越冬需采取培土或灌水的方式保温防寒。培土法就是将花卉的地上部分用土掩埋,翌春再清除泥土。灌水法就是利用水有较大的比热容的性能将需要保温的园地漫灌,这样既提高了环境的湿度,又对花卉具有保温的效果。这种方法在宿根花卉中很常用。覆盖法也是宿根花卉可以采用的越冬方式。

(三)球根花卉的养护管理

球根花卉是指根部呈球状,或者具有膨大地下茎的多年生草本花卉,偶尔也包含少数地上茎或叶发生变态膨大者。根据地下茎或根部的形态结构,大体上可以把球根花卉分为鳞茎类、球茎类、块茎类、根茎类和块根类五大类,代表花卉分别为郁金香、唐菖蒲、马蹄莲、美人蕉和大丽花等。球根花卉种类丰富,花色艳丽,花期较长,栽培容易,适应性强,是景观布置中比较理想的一类植物材料。对球根花卉的养护管理,主要针对它们的球根,当然其他方面的养护亦不可少。

1. 球根花卉的生长期管理

许多球根花卉的根又少又脆,断后不能再生新根,所以栽后在生长期间不能移植。其叶片也较少或有定数,栽培中一定要注意保护,避免损伤,否则影响养分合成,不利于新球的生长,以致影响开花和观赏。花开之后正值新球成熟、充实之际,为了节省养分使球长好,应剪去残花和果实。球根花卉中有的类别应根据需要进行除芽、疏蕾等修剪整形,如大丽花,而其他花卉基本不需要进行此项工作。

除此之外,球根要保持完好,不被损伤,特别是在中耕除草的时候。球根花卉大多不耐水涝,应做好排水工作,尤其在雨季。花开之后仍需加强水肥管理。春植球根花卉在秋季掘出球根贮藏越冬;秋植球根花卉冬季的时候在南方大多可以露地越冬,在北方需保护越冬。

2. 球根花卉的采收管理

(1)采收时间

大部分种类的球根花卉在停止生长、进入休眠后,其球根需要采收并进行贮藏,度过休眠期后再栽植。采收要适时,以叶变黄 1/2～2/3 时为最佳采收适期。若过早,养分尚未充分积聚于球根中,球根不充实;若过晚,茎叶枯萎脱落,不易确定土中球根的位置,采收时易遗漏子球。

(2)采收方法

采收时可掘起球根,除去过多的附土,并适当剪去地上部分。春植球根花卉中的唐菖蒲、晚香玉的球根可翻晒数天,使其充分干燥,大丽花、美人蕉的球根可阴干至外皮干燥,勿过干,勿使表面皱缩。大多数秋植球根花卉的球根采收后不可置于烈日下暴晒,晾至外皮干燥即可。球根经晾晒或阴干后就可进行贮藏。

(3)贮藏方法

球根成熟采收后,就需要放置于室内贮藏,贮藏是否得当会影响花卉栽植后的生长发育情况。球根贮藏通常采用自然贮藏和调控贮藏两种方法。

自然贮藏指贮藏期间,对环境不加人工调控措施,使球根在常规室内环境中度过休眠期。处于出售前的休眠期的商品球根或用于正常花期生产切花的球根,多采用自然贮藏。

调控贮藏指在贮藏期运用人工调控措施,以达到控制休眠、促进花芽分化、提高成花率以及抑制病虫害等目的。该法常用药物处理、温度调节和气体成分调节等措施调控球根的生理过程。如郁金香若在自然条件下贮藏,则一般 10 月栽种,翌年 4 月才能开花;而运用低温贮藏(17℃经 3 个星期,然后 5℃经 10 个星期),可促进花芽分化,将秋季至春季前的露地越冬,提早到贮藏期来完成,使郁金香在栽后 50～60 天开花。

第四节　景观园林苗圃的养护管理

一、苗木移植

由于幼苗都先在苗床育苗,密度较大,必须通过移植改善苗木的通风和光照条件,增加营养面积,减少病虫害的发生,培育出符合要求的苗木。在苗圃中将苗木更换育苗地继续培养叫移植,凡经过移植的苗木统称为移植苗。目前城市绿化以及企事业单位、旅游景区、公路、铁路、学校、社区等地的绿化美化中几乎采用的都是大规格苗木。大苗的培育需要2年以上的时间,在这个过程中,所育小苗需要经过多次移栽、精细的栽培管理、整形修剪等措施,这样才能培育出符合规格和市场需要的各个类型的大苗。

(一)苗木移植的时间、次数和密度

1. 苗木移植的时间

苗木移植时间应视苗木类型、生长习性及气候条件而定。

大多数树种一般在早春移植。春季是主要的移植季节,因为这个时期树液刚刚开始流动,枝芽尚未萌发,苗木蒸腾作用很弱,移植后成活率高。春季移植的具体时间应根据树种的生物学特性及实际情况确定,萌动早的树种宜早移,发芽晚的可晚些再移。常绿树种,主要是针叶树种,可以在夏季移植,但应在雨季开始时进行。移植最好在无风的阴天或降雨前进行。秋季移植应在冬季气温不太低,无冻霜和春旱危害的地区应用,在苗木地上部分停止生长后即可进行。此时地温高于气温,根系伤口愈伤快,成活率高,有的当年能产生新根,第二年缓苗期短,生长快。

2. 苗木移植的次数

苗木移植次数取决于该树种的生长速度和对苗木规格的要求。园林应用的阔叶树种,在播种或扦插1年后进行第一次移植,以后根据生长快慢和株行距大小,每隔2~3年移植一次,并相应地扩大株行距,目前各生产单位对普通的行道树、庭荫树和花灌木用苗只移植2次,在大苗区内生长2~3年,苗龄达到3~4年即可出圃。而对重点工程或易受人为破坏地段或要求马上体现绿化效果的地方所用的苗木则常需培育5~8年,甚至更长,因此必须移植2次以上。对生长缓慢、根系不发达,而且移植后较难成活的树种,如银杏,可在播种后第三年开始移植。以后每隔3~5年移植一次,苗龄8~10年,甚至更大一些方可出圃。

3. 苗木移植的密度

大苗移植密度应根据树种生长的快慢、苗冠大小、育苗年限、苗木出圃的规格以及苗期管理使用的机具等因素综合考虑。如果株行距过大,则既浪费土地,产苗量又低;如果株行距过小,则不仅不利于苗木生长,还不便于机械化作业。一般情况下,针叶树小苗的移植行距应在20 cm左右,速生阔叶树苗的行距应在50~100 cm之间。株距要根据计划产苗数和单位面积的苗垄长度加以计算确定。如油松移植密度为125株/m²,云杉移植密度为200株/m²。

(二)苗木移植的方法

1. 苗木移植的穴植法

按苗木大小设计好株行距,根据株行距定点,然后挖穴。穴土放在沟的一侧,栽植深度可深于原来深度2~5 cm。覆土时混入适量的底肥,先在坑底部填部分肥土,然后放入苗木,再填部分肥土,轻轻提一下苗木,使其根系舒展,再填满土、踩实、浇足水。穴植法有利于根系舒展,不会产生根系窝曲现象,苗木生长恢复较快,成活率高,但费工、效率低,适用于大苗或移植较难成活的苗木。

2.苗木移植的沟植法

先按行距开沟,土放在沟的两侧,以利于回填土和苗木定点。将苗木按一定株距放在沟内,然后扶正苗木、填土踩实。沟的深度应大于苗根长度,以免根系窝曲。沟植法工作效率较高,适用于一般苗木,特别是小苗。

3.苗木移植的容器苗移植

营养钵、种植袋等容器苗全年可移植,可保持根系完整,成活率高。容器苗集移植、包装、运输于一体,对生产者有莫大益处。

(三)苗木移植的注意事项

1.保护根部

一般落叶阔叶树常在休眠期采用裸根移植,而成活率不太高的树种常带宿土移植。常绿树及规格较大而成活率又较低的树种,必须带符合规格的土球,若就近栽植,在保证土球不散开的情况下,土球不必包扎。

2.移植前灌溉

如园地干燥,宜在移植前2～3天进行灌溉,以利掘苗。适当修剪移植时,对过长根和枯萎根等进行修剪,要保护好根系,不使其受损、受干、受冷;对枝叶也需适当修剪。栽植时苗木要扶正,埋土要较原来深度略深些。栽植后要及时灌足水,但不宜过量,3～5天后进行第二次灌水,5～7天后进行第三次灌水。苗木经灌溉后极易倒伏,应立即扶正倒伏的苗木,并将土踩实。

二、苗木整形修剪

(一)枝芽的类型

园林苗木枝条上的芽有很多种,芽的分类方法也有多种,与整形修剪相关的枝芽分类方法有以下几种。

1.芽的类型

按性质分类:叶芽是萌发后只形成枝叶的芽;纯花芽是萌发后只形成花的芽,如碧桃的花芽;混合花芽是萌发后既形成枝叶也形成花的芽,如海棠的花芽。

按位置分类:顶芽是着生在枝条顶端的芽;侧芽是着生在枝条的叶腋间的芽。

按萌发特点分类:活动芽是形成后当年或次年萌发的芽;潜伏芽是经多年潜伏后萌发的芽。

2.枝条的类型

按性质分类:营养枝是着生叶芽,只长叶不能开花结果的枝条;结果枝是着生花芽,开花结果的枝条。

按生长年龄分类:新梢是芽萌发后形成的带叶片的枝条;1年生枝是生长年限只有1年的枝条,落叶树木的新梢落叶后为1年生枝;2年生枝是生长年限有2年的枝条,1年生枝上的芽萌发成枝后,原来的1年生枝就成为2年生枝;多年生枝是生长年限为2年以上的枝条。

按枝条长度分类:长枝是长度在50～100 cm的枝条;中枝是长度在15～50 cm的枝条;短枝是长度在5～15 cm的枝条;叶丛枝是长度很短,叶片轮状丛生的枝条。

按树体结构分类:主干是从根茎以上到着生第一主枝的部分;中心干是由主干分生主枝处直立生长的部分,换句话说,就是主干以上到树顶之间的主干延长部分;主枝是从中心干上分生出来的永久性大枝,上面分生出侧枝。主枝在中心干上着生的位置有差别时,自下而上依次称为第一主枝、第二主枝、第三主枝;侧枝是着生于主枝上的主要分枝。

（二）枝芽的特征

1. 芽的异质性特征

同一枝条上不同部位的芽在发育过程中,由于所处的环境条件以及枝条内部营养状况的差异,导致的其生长势以及其他特性的差别,即称为芽的异质性。比如,位于枝条基部的芽干瘪,质量较差,而中上部的芽饱满,质量较好。芽的饱满程度是芽质量的一个标志,能明显影响抽生新梢的生长势。在修剪时,为了发出强壮的枝,常在饱满芽上剪短截。为了平衡树势,常在弱枝上利用饱满芽当头,能使枝由弱转强;而在强枝上利用干瘪芽当头,可避免枝条旺长,缓和树势。

2. 萌芽力、成枝力特征

枝条上的芽萌发枝叶的能力称为萌芽力。枝条上萌芽数多,则萌芽力强,反之则弱。萌芽力一般以萌发的芽数占总芽数的百分率表示。

枝条上的芽抽生长枝的能力叫成枝力。抽生长枝多,则成枝力强,反之则弱。成枝力一般以长枝占总萌发芽数的百分率表示。萌芽力和成枝力因树种、品种、树龄、树势而不同,同一树种不同品种的萌芽力强弱也有差别,同一品种随树龄的增长,萌芽力也会发生变化。一般萌芽力和成枝力均强的品种易于整形,但枝条容易过密,在修剪时宜多疏少截,防止光照不良。而对于萌芽力强而成枝力弱的品种,则易形成中、短枝,树冠内长枝较少,应注意适当短截,促其发枝。

3. 顶端优势（先端优势）特征

顶端优势就是同一枝上顶端抽生的枝梢生长势最强,向下依次递减的现象,这是枝条背地生长的极性表现。一般来说,乔木树种都有较强的顶端优势。顶端优势与整形密切相关,如毛白杨,为培育直立高大的树冠,苗木培育时要保持其顶端优势,不短截主干;而桃树常培养成开心形,要控制顶端优势,所以苗期整形时要短截主干,促进分枝生长。

4. 垂直优势特征

枝条和芽的着生方位不同,生长势表现差异很大。直立生长的枝条生长势强,枝条长,而接近水平或下垂的枝条则生长势弱,枝条短;枝条弯曲部位的背上芽,生长势强于背下或侧芽,这种因枝条着生方位不同而出现生长势强弱变化的现象,称为垂直优势。在修剪上常利用此特点,通过改变枝芽的生长方向来调节生长势。

（三）常用的几种修剪方法

1. 短截法

短截指剪去一年生枝的一部分,根据修剪量的多少分为四类:轻短截、中短截、重短截和极重短截。一年四季都可进行。

第一,轻短截。在一年生枝梢顶端剪截一小部分(1/4～1/3),如只剪截顶芽(破顶),或者是在秋梢上、春秋梢交界处留盲节剪截(截帽剪)。因剪截轻,弱芽当头,形成的中短梢多,单枝的生长量小,从而起到缓和树势、促生中短枝、促进成花的作用。

第二,中短截。在春梢中上部饱满芽处剪截一部分(1/2)。由于采用好芽当头,截后形成的长枝多,生长势强,母枝加粗生长快。中短截可促进枝条生长,加速扩大树冠,一般多用于延长枝头和培养骨干枝、大型枝组或复壮枝势。

第三,重短截。在春梢的中下部剪截大部分(2/3)。虽然剪截较重,但因芽质差,发枝不旺,通常能发出 1～2 个长中枝。重短截一般用于缩小枝体、培养枝组。

第四,极重短截。剪截时只留枝条基部 2～3 芽。截后一般萌发 1～2 个细弱枝,发枝弱而少,对于生长中庸的树反应较好。极重短截常用于竞争枝的处理,也用于培养小型的结果枝组。

不同短截方式的修剪反应不同,修剪反应受剪口处芽的充实饱满程度影响,还与树种、品种有关。

2. 回缩法

回缩指剪去多年生枝的一部分。这种方法通常用于多年生枝的更新复壮或换头,于休眠期进行。一般回缩修剪量大,刺激作用重。缩剪反应与缩剪程度、留枝强弱、伤口大小等因素有关,缩剪适度可以促进生长,更新复壮;缩剪不适,则可抑制生长,可用于控制树冠或辅养枝等。

3. 疏枝法

将枝条由基部剪去称之为疏枝。疏剪可以改善树冠本身的通风透光状况,对全树来说,起削弱生长的作用,减少树体的总生长量。这种方法对伤口以上的枝芽有抑制作用,削弱长势;对伤口以下的枝芽有促进生长作用,距伤口越近,疏除的枝条越粗,造成的伤口越大,这种作用越明显。所以,没有用的枝条越早疏除越好。疏除对象一般是交叉枝、重叠枝、徒长枝、内膛枝、根蘗、病虫枝等。

4. 长放法

长放也叫缓放、甩放,是利用单枝生长势逐年减弱的特性,保留大量枝叶,避免修剪刺激而旺长,利于营养物质积累,形成花芽。

5. 摘心法

摘心指摘除枝端的生长点,可以起到延缓、抑制生长的作用。强枝摘心可以抑制顶端优势,促进侧芽萌发生长。苗木生长季节可多次进行摘心。

6. 抹芽、疏梢法

抹芽即新梢长到 5～10 cm 时,把多余的新梢、隐芽萌发的新梢及过密过弱的新梢从基部掰掉。新梢长到 10 cm 以上后去掉则称为疏梢。没有用的新梢越早去掉越好。

7. 环剥法

环剥是将枝干的韧皮部剥去一环。环剥的作用是抑制剥口上营养生长,促进剥口下发枝,同时促进剥口上成花。

8. 刻伤、环割法

刻伤也叫目伤,是指春季发芽前,在枝条上某芽上方1～3 mm刻伤韧皮部,造成半月形伤口,促进芽萌发。环割是在芽上割一圈,损伤韧皮部,不伤木质部,作用与刻伤相同。

9. 扭梢、拿枝、转枝法

扭梢是将枝条扭转180°,使向上生长的枝条转向下生长。拿枝是在生长季枝条半木质化时,用手将直立生长的枝条改变成水平生长。操作时拇指在枝条上,其余四指在枝条下方,从枝条基部10 cm处开始用力弯压1～2下,将枝条木质部损伤,用力时听见木质部响,但不折断,注意用力的轻重。转枝是用双手将半木质化的新梢拧转适合。扭梢、拿枝、转枝的作用都是将枝梢扭伤,阻碍养分的运输,缓和长势,提高萌芽率,促进中短枝的形成。

三、园林苗圃的土壤和水分管理

(一)土壤管理

对于苗圃地的土壤,主要是通过多种综合性的措施来提高土壤肥力,改善土壤的理化性质,保证苗圃内苗木健康生长所需养分、水分等的不断有效供给。苗圃土壤类型相对复杂,不同的植物种类对土壤的需求是不一样的,但对于良好土壤的需求则是相同的,即能完好地协调土壤的水、肥、气、热四大要素。一般的肥沃土壤应该养分相对均衡,既有大量元素,又有微量元素,且各自的含量适宜植物的生长;既含有有机物质,也含有大量的无机物质;既有速效肥料,也有缓效肥料。同时要求苗圃地土壤物理性质要好,即土壤水分含量适宜、空气含量适宜。目前一般的苗圃地土壤都达不到这样的要求,这就需要人们在实际生产中对苗圃地土壤进行改良。生产中常见的改良方法有以下几种。

1. 客土法

为了某种特殊要求,某些苗木种类要在苗圃地栽植,而该苗圃地土壤又不适合苗木生长时,可以给它换土,即"客土栽培"。但这种土壤改良方法不适合大面积的苗木种植,一般偏沙土壤可以结合深翻掺一些黏土,偏黏土壤可以掺一些沙土,或在树木的栽植穴中换土。

2. 中耕除草法

在生长期间对苗圃地土壤进行中耕除草,可以切断土壤毛细管,减少土壤水分蒸发,提高土壤肥力;还可以恢复土壤的疏松度,改善土壤通气状况。尤其是在土壤灌水之后,要及时中耕,俗语有"干锄湿、湿锄干"之说。此外,中耕还可以在早春提高地温,有利于苗木根系生长。同时,中耕还可以清除杂草,减少杂草对水分、养分的竞争,使苗木生长环境清洁美观,抑制病虫害的滋生蔓延。

3. 深翻法

选择秋末地上部分停止生长或早春地上部分还没有开始生长的时候对土壤进行深翻,深翻时以苗木主要根系分布层为主。也可以在未栽植苗木之前,结合整地、施肥对土壤进行深翻。深翻又分为树盘深翻、隔行深翻、全园深翻。深翻能改善土壤的水分和通气状况,促进土壤微生物的活动,使土壤当中的难溶性物质转化为可溶性养分,有利于苗圃植物根系的吸收,从而提高土壤肥力。

4. 增施有机肥法

可增施有机肥对土壤进行改良,常用的有机肥有厩肥、堆肥、饼肥、人粪尿、绿肥、鱼肥等,这些有机肥料都需要腐熟才能使用。有机肥对土壤的改良作用明显,一方面因为有机肥所含营养元素全面,不仅含有各种大量元素,还含有各种微量元素和各种生理活性物质,如激素、维生素、酶、葡萄糖等,能有效供给苗木生长所需的各种养分;另一方面可以增加土壤的腐殖质,提高土壤的保水保肥能力。

5. 调节土壤 pH 法

绝大多数园林植物适宜在中性至微酸性的土壤中生长,然而在我国碱性土居多,尤其是北方地区。这样,酸碱度调节就是一项十分必要和经常性的工作。土壤酸化是指对偏碱的土壤进行处理,使土壤 pH 降低。常用的释酸物质有有机肥料、生理酸性肥料、硫黄等,这些物质在土壤中通过转化,产生酸性物质。有数据表明,每亩施用 30 kg 硫黄粉,可使土壤 pH 降低 1.5 左右。土壤碱化时常用的方法是往土壤中施加石灰、草木灰等物质,但以石灰应用比较普遍。

6. 生物改良法

生物改良就是有计划地在苗圃种植植物或引进动物来达到改良土壤的目的。可以在苗圃空地种植地被植物,控制杂草生长,利于苗圃苗木的生长。还可以利用自然土壤当中大量的昆虫、细菌、真菌、软体动物等,它们对土壤改良有着积极的意义。一些微生物存在于土壤中,通过活动能促进岩石风化和养分释放,加快动植物残体的分解,有助于土壤团粒结构的形成和营养物质的转化。

7. 应用土壤改良材料法

不少国家已经开始大量使用土壤改良材料来改良土壤结构和生物学活性,调节土壤酸碱度,提高土壤肥力。土壤改良材料可以分为无机、有机和高分子三大类,它们分别具有不同的功能,如增加孔隙,协调保水与通气透水性;疏松土壤,提高置换容量,促进微生物活动;使土壤粒子团粒化等。目前我国使用的改良材料以有机类型为主,如泥炭、锯末、腐叶土等。国外有专门的土壤改良剂出售,如聚丙烯酰胺,是人工合成的高分子化合物。

(二)水分管理

苗圃水分管理是根据各类苗木对水分的要求,通过多种技术和手段,来满足苗木对水分的合理需求,保障水分的有效供给,达到满足植物健康生长的目的,同时节约水资源。

1. 灌溉的方式

第一,漫灌。田间不修沟、畦,水流在地面以漫流方式进行灌溉,经营粗放、浪费水,在干旱的情况下还容易引起次生盐渍化。

第二,分区灌溉。把苗圃地中的树划分成许多长方形或正方形的小区进行灌溉。

缺点是土壤表面易板结,破坏土壤结构,费劳力且妨碍机械化操作。

第三,沟灌。一般应用于高床和高垄作业,从水沟内渗入床内或垄中。该法是我国地面灌溉中普遍应用的一种较好的灌水方法。优点是土壤浸润较均匀,水分蒸发量与流失量较小,能防止土壤结构破坏,土壤通气良好。

第四,喷灌。喷灌是喷洒灌溉的简称。该法便于控制灌溉量,并能防止因灌水过多使土壤产生的次生盐渍化;能减少渠道占地面积,提高土地利用率;使土壤不板结,并能防止水土流失;工作效率高,节省劳力。所以它是效果较好、应用较广的一种灌溉方法。但是灌溉需要的基本建设投资较高,受风速限制较多,在 3～4 级以上风力影响下,喷灌不均,因喷水量偏小,所需时间很长。还有一种微喷方式,喷头在树下喷,对高大的树体土壤灌溉效果好。

第五,滴灌。将灌水主管道埋在地下,水从管道上升到土壤表面,管上有滴孔,水缓慢滴入土壤中。该法节水效果好,是最理想的灌溉方法。

2. 苗圃四季的灌溉与排水

第一,春季。进入春季,气温开始回升,雨水增多,病虫害开始萌动,一些苗木也开始萌芽,因此,应及时加强对苗圃的早春水分管理。春季雨多和地势低洼的苗圃,一旦土壤含水量过多,不仅会降低地温,还会使土壤的通透性变差,严重影响苗木根系的生长,严重时甚至会造成苗木烂根死苗,影响苗木回暖复苏。因此,进入春季,应在雨前做好苗圃地四周的清沟工作;没有排水沟的要增开排水沟,已有的排水沟还可适当加深,做到雨后苗圃无积水。尤其是对一些耐旱苗木,更应注意水多时要立即排水,防止地下水位的危害。要对苗圃地进行一次浅中耕松土,并结合施一些草木灰,这样可起到吸湿增温的作用,促进苗木生长发育。

第二,夏季。夏季在天气干旱时要及时灌溉,苗木速生期前期需要充足的水分,尤其是幼果期不能缺水,并且灌溉要采取多量少次的方法。每次灌溉要灌透、灌匀,注意防止浇半截水。夏季雨水较多,应注意及时排水防涝。植株受涝表现为失水萎蔫,叶及根部均发黄,严重时干枯死亡。

第三,秋季。秋季为促进苗木木质化,应停止灌溉,此时水分过多易引起立枯病和根腐病。因此,在雨季到来时要注意开沟排水。

第四,冬季。冬季到来前苗圃地要及时浇冻水,冻水要浇大、浇透,使苗木吸足水分,增加苗木自身的含水量,防止冬季大风干燥使苗木失水过多,影响来年苗木发芽。

第七章 智慧园林系统的设计与发展

第一节 智慧园林的相关技术分析

一、面向服务的架构技术

面向服务的架构(Service-Oriented Architecture,SOA)是当今IT业界备受关注的主题,也是未来的发展趋势。对于异构系统间的无缝集成,目前通常考虑的解决方法是采用万维网服务(Web Service)或类似的架构,即通过采用UDDI(通过描述、发现与集成)、SOAP(简单对象访问协议)、WSDL(万维网服务描述语言)、XML(可扩展标记语言)等技术体系,实现异构系统间的数据共享和互操作。对于大多数企业来说,下一步要考虑的不再是点对点的应用,而是Web Service在不同部门之间以及业务伙伴间更为宽广的应用。这种技术的变迁往往涉及异构系统间的整合问题,即通常所说的消除"信息孤岛"的问题。这就需要更松散耦合、面向基于标准的服务架构。

SOA首先是一种方法论,在具体实现时也可以将其理解为一种组件模型,它将应用程序的不同功能单元(服务)通过服务之间定义良好的接口和契约联系起来。这种具有中立的接口定义(没有强制绑定到特定的节点上)的特征称为服务之间的松耦合。松耦合系统的好处有两点:一点是它的灵活性;另一点是,当组成整个应用程序的每个服务的内部结构逐渐地发生改变时,它能够继续存在,即达到异构系统间的信息共享和互操作,消除"信息孤岛"的目的。

松耦合系统的出现源于应用软件需要根据业务的需要变得更加灵活,以适应不断变化的环境,比如经常改变的政策、业务级别、业务重点、合作伙伴关系、行业地位以及其他与业务有关的因素,这些因素甚至会影响业务的性质。我们称能够灵活地适应环境变化的业务为按需业务。在按需业务中,一旦需要,就可以对执行任务的方式进行必要的更改。

尽管Web Service是实现SOA的最好方式,但是SOA并不局限于Web Service。其他使用WSDL直接实现服务接口并且通过XML消息进行通信的协议也可以包括在SOA之中,比如IBM MQSeries。但是建立体系结构模型,所需要的并非服务描述,而是需要定义起整个应用程序是如何在服务之间执行工作流的,尤其是需要找到其业务操作和业务中所使用的软件操作之间的转换点。SOA能够将业务流程和它们的技术流程联系起来,并且映射出这两者之间的关系。因而,工作流技术仍然可以在SOA的设计中扮演重要的角色。

如果两个服务需要交换数据,那么它们还需要使用相同的消息传递协议。为了使建立的所有这些信息能够得到适当控制,又为了应用的安全性、可靠性、策略以及审计等方面的要求,架构设计师在SOA体系结构的框架中,加入了一个新的软件对象。这个对象就是企业的服务总线(Enterprise Service Bus,ESB)。ESB 使用许多可能的消息传递协议来负责适当的控制流,甚至还有可能是服务之间所有消息的传输。ESB 虽然并不是绝对必需的,但却是在 SOA 体系结构中正确管理业务流程至关重要的组件。ESB 本身可以是单个引擎,也可以由许多同级和下级 ESB 组成分布式系统结构,这些 ESB 一起工作,以保持 SOA 系统的正常运行。在概念上,它是从早期比如消息队列和分布式事务计算这些计算机科学概念的基础之上所建立的存储转发机制发展而来的。

总而言之,SOA 既是一种方法论,也是一种企业架构。它是从业务需求开始的。但是,SOA 和其他企业架构方法的不同之处在于 SOA 提供了业务的敏捷性。业务敏捷性是指用户对变更进行快速和有效的响应,并且利用变更来适应业务持续的演变能力。对架构设计师来说,创建一个业务敏捷的架构意味着创建这样一个 IT 架构——它可以满足当前还未知的业务需求。

二、Web Service 接口的集成调用

Web Service 是目前最适合实现 SOA 的一些技术的集合。事实上 SOA 架构模式从提出到逐渐为业界所接受,主要在于 Web Service 标准的成熟和应用的普及,这为广泛地实现 SOA 架构提供了坚实基础。Web Service 中的各种协议建立在满足 SOA 架构所需上。

独立的功能实体:通过 UDDI 的目录查找,可以动态地改变一个服务的提供方,而不影响客户端的应用程序配置。所有的访问都通过 SOAP 进行访问,只要 WSDL 接口封装性良好,外界客户端是根本无法直接访问服务器端的数据的。

大数据量低频率访问:通过使用 WSDL 和基于文本的 SOAP 请求,接口可以实现一次性接收大量数据。

基于文本的消息传递:Web Service 所有的通信都是基于 SOAP 进行的,而 SOAP 是基于 XML 的,不同的版本之间可以使用不同的 DTD 或者 XML Schema 加以辨别和区分。因此只需要我们为不同的版本提供不同的处理方法就可以轻松实现版本控制的目标。

单独的 Web Service 开发已经非常成熟,无论是通过 Visual Studio. Net 还是通过 Eclipse 都很方便,而且无论是 . Net 阵营还是 Java 阵营也都拥有自己的 Web Service 开发框架。

基础的 Web Service 平台是 XML＋HTTP。Web Service 平台的元素有三项:SOAP、UDDI、WSDL。Web Service 的主要架构是:客户根据 WSDL 描述文档,生成一个对应的 SOAP 请求消息。Web Service 放在万维网服务器(如 IIS)后面,客户生成的 SOAP 请求会被嵌入一个 HTTP POST 请求中,并发送到万维网服务器。万维网服务器再将这些请求转发给 Web Service 请求处理器。请求处理器的作用在于:解析其收到的 SOAP 请求,并调用 Web Service,然后再生成相应的 SOAP 应答。万维网服务器在得到 SOAP 应答后,会再通过 HTTP 应答的方式将信息送回客户端。

三、GIS 共享服务的集成调用

地理信息共享一直是"3S"领域研究的热点和重点。长久以来,人们对地理信息共享平台和应用系统的建设、探索从未停止。从软件技术手段角度看,目前地理信息共享已经经历了面向文件的第一代共享和面向空间数据库的第二代共享两个阶段的发展;随着服务式 GIS 的发展和应用,正在迎来面向服务的地理信息共享新模式。服务式 GIS 采用面向服务的软件工程方法,把 GIS 的全部功能封装为 Web 服务,从而实现了被多种客户端跨平台、跨网络、跨语言地调用,并具备了服务聚合能力以集成来自其他服务器发布的 GIS 服务。服务式 GIS 是一个完整的、面向服务的 GIS 软件技术体系,它包括服务提供者、服务消费者和服务规范。

这里涉及几个专有名词,下面分别加以介绍。

1. 网络地图服务(Web Map Service,WMS)

利用具有地理空间位置信息的空间数据制作地图,其中将地图定义为空间地理数据可视化的表现。WMS 定义了以下三个操作。

GetCapabilities:返回服务级元数据,它是对服务信息内容以及请求参数的一种描述。

GetMap:返回一个地图影像,其地理空间参考以及大小参数是明确定义了的。

GetFeatureInfo(可选):返回显示在地图上的某些特殊要素的信息。

2. 网络要素服务(Web Feature Service,WFS)

WMS 返回的是图层级别的地图影像,WFS 返回的则是要素级的地理标记语言(Geography Markup Language,GML)编码,并提供了对要素的增加、修改和删除等事务操作,是对 WMS 的进一步深入。WFS 允许客户端从多个服务中取得采用 GML 编码的地理空间数据,它定义了五个操作。

GetCapabilities:返回 WFS 性能描述性文档。

DescribeFeatureType:返回描述可以提供服务的任何要素结构的 XML 格式文档。

GetFeature:为一个可以获取要素实例的请求提供服务。

Transaction:为事务请求而提供的服务。

LockFeature:处理在一个事务期间,对一个或者多个要素类型实例上锁的请求。

3. 网络覆盖服务(Web Coverage Service,WCS)

WCS 主要面向空间影像数据,它将包含地理位置值的空间数据作为"覆盖",在网上进行相互交换。

WCS 由三种操作服务组成:GetCapabilities、GetCoverage 和 DescribeCoverage-Type。

GetCapabilities:返回描述性服务和数据集的 XML 文档。

GetCoverage:在 GetCapabilities 确定了什么样的查询可以执行、什么样的数据能够在获取之后执行后,使用通用的覆盖格式返回地理位置的值或者属性。

DescribeCoverageType:允许客户端请求由具体的 WCS 服务器提供的任一覆盖层的完全描述。

4. 瓦片地图(TileMap)

自从 Google Map 推出以 Tile Map Image 方式提供的地图位置服务之后,国内的 Go2Map、MapABC、Mapbar 等专业地图搜索公司纷纷效仿,相继推出了基于瓦片地图金字塔模型的位置搜索新模式服务,这里称之为"公众地图服务框架"(Public Map Service Infrestructure,PMSI)。

PMSI 区别于传统的 WebGIS 主要体现在以下两点。

(1)拥有金字塔模型瓦片地图库

传统的 WebGIS 是基于实时请求地图服务器传输地图数据的,反映了地图的现势性;而 PMSI 则首先预生成规则的瓦片地图图片存储于硬盘目录下,PMSI 地图以链接图片的形式快速定制。这两种模式在请求以及响应的速度方面有着明显的差异,PMSI 的响应速度要明显快于传统的 WebGIS,同时对地图服务器的负载请求也相应小一些。

(2)地图服务(接口)由专业化向平民化、互联网各种技术集聚的方向转变

在构建好基于瓦片地图的图片库之后,PMSI 可以脱离 GIS 平台,通过现有的互联网技术(如搜索引擎、Ajax、数据库技术等)实现空间位置服务;而传统的 WebGIS,每一项功能服务都是通过 GIS 平台进行运算实现的。两种模式各有优劣,PMSI 在实现复杂分析(如 Buffer 分析、路径分析)时有一定难度(可借助 GIS 平台的支持,也可重写算法),传统的 WebGIS 消耗资源(网络负载、服务器负载)相对比较大。

实现 PMSI 需要解决三大技术问题:

一是如何借助 GIS 工具快速构建金字塔模型瓦片地图库;

二是如何根据 GIS 数据构建具备空间位置的、与其他信息建立关联规则的关系型数据库;

三是如何表现瓦片地图。

四、视频监控共享接口的调用

视频监控系统的集成调用是智慧园林信息管理平台的重要功能之一。目前不同省市园林绿化管理部门的视频监控点数量不同,各类视频监控点所采用的型号、数据格式、控制方式等也有所不同。怎样能更好地集成调用各个视频监控点的视频监控图像呢?解决方案是建立视频监控共享平台,统一处理和集成调用各类视频监控点。同时该视频监控共享平台对外提供视频监控共享接口服务,通过传入有关视频监控点的唯一标识作为参数,返回该视频监控点的视频监控图像。

第二节　智慧园林系统的需求分析与总体设计

一、系统需求分析

（一）总体需求

建立智慧园林信息管理平台的业务目标需求主要体现在：实现园林行业主管部门业务数据的标准化、统一化，实现园林行业主管部门与园林、景点等之间的信息共享与交换，基于"一张底图"实现园林绿化政务的协同办公。同时为了更好地发挥智慧园林信息管理平台的作用，要制订科学合理的数据更新方案并贯彻落实，以保持数据的更新。

总体而言，智慧园林信息管理平台的建立将促进市园林行业主管部门与各下属单位之间、与市基础地理信息平台之间的信息资源共享与协同服务，实现基础地理信息与园林绿化综合数据的集成，提升园林行业主管部门的公共服务能力和管理水平。

（二）系统建设需求

1. 智慧园林综合信息门户

智慧园林综合信息门户是智慧园林信息管理平台的重要组成部分。智慧园林综合信息门户将统一聚合园林行业主管部门的众多园林绿化专题应用系统，在"一张底图"的基础上实现统一的园林绿化数据查询搜索、同步更新、权限管理与单点登录等功能。智慧园林综合信息门户应包括集成园林景点票务信息（售票、检票等信息）的动态查询、景点客流量信息的动态查询、古典园林遗产监测信息的动态查询、园林绿化工程项目信息的动态查询、视频监控信息的动态查询；同时在门户系统中应能实现基于地图（基础地图和专题地图等）的查询、统计分析专题图生成的功能等。

2. GIS 数据和业务数据集成调用

智慧园林信息管理平台应做好园林行业主管部门现有众多系统中的 GIS 数据和业务数据的集成调用。

（1）基础地理数据的共享调用

基础地理数据主要包括影像图、电子地图、地名地址等基础地理数据。智慧园林信息管理平台应开发与市基础地理信息平台共享的 GIS 数据服务共享接口，在线调用共享平台所发布的影像图、电子地图、地名地址等基础地理数据服务，并以这些基础地理数据作为底图，与本系统中建立的园林绿化"一张底图"核心数据库叠加显示。

（2）业务应用系统数据在线集成调用的需求

在智慧园林信息管理平台中应做好园林行业主管部门现有众多业务应用系统中业务数据的在线集成调用，具体说明如下：

第一，园林网上售票系统的业务数据接口。要求研发与园林网上售票系统相关的关于预订门票数据的信息服务接口，包括团队、散客、全价、半价景点门票数量及金额等信息的查询接口等。

第二，电子门票管理系统的业务数据接口。要求研发与电子门票管理系统相关的关于景区售票、检票的信息服务接口,包括实时售票人数、实时检票人数、检票时间、今日人数、昨日人数、售票数量与金额,团队票、半价票、全价票等门票的数量与金额,客源地人数统计等信息的服务接口。

第三,市域景区动态监管信息系统的业务数据接口。要求研发与市域景区动态监管信息系统相关的关于景区旅游经营的信息服务接口,包括定期报送的售票人次、免票人次、当月最高日游览人次、当月门票收入等报告信息的服务接口;要求研发关于各景区的重大活动、重大灾害、综合整治、建设项目选址等信息的服务接口。

第四,世界文化遗产动态信息系统和监测预警系统的业务数据接口。要求研发与世界文化遗产动态信息系统和监测预警系统相关的关于古典园林世界文化遗产的保护情况的信息服务接口和监测预警信息的服务接口,包括视频监控、水位监测、游客在园人数、环境监测、遗产地年度报告、遗产监测任务列表等信息的服务接口。

第五,园林绿化企业动态信息系统的业务数据接口。要求研发与园林绿化企业动态信息系统相关的关于园林绿化工程项目和园林绿化企业综合监管的信息服务接口。园林绿化工程项目信息的服务接口,包括工程项目的汇总信息、分布图形信息等服务接口,以及工程项目信息查询接口;园林绿化企业综合监管信息的服务接口,包括企业信息、人员信息、工程项目等综合查询服务接口以及企业产值统计、工程项目统计等服务接口。

第六,视频监控系统的业务数据接口。要求研发与视频监控系统相关的关于全市视频监控和客流量监测分析的信息服务接口,在智慧园林信息管理平台中共享集成调用所有的视频监控信息、客流量监测分析信息。

第七,单点登录需求。要求各系统开发单点登录接口(提供用户密码验证服务),能够由智慧园林信息管理平台直接一键登录各个业务应用系统中。

二、系统总体布局和数据接口模型

(一)系统总体布局

智慧园林信息管理平台是智慧园林信息化建设的重要内容。智慧园林信息化建设将以进一步完善园林绿化信息基础设施建设为先导,围绕智慧园林服务和智慧园林管理两大中心建设,大力推进各业务信息系统建设,建立完善的安全保障体系,构建起完善的园林绿化信息化综合体系,将信息化对城市园林绿化工作的整体支撑提高到一个新水平。

智慧园林信息化总体布局针对智慧园林信息化建设中的"三要素"即"保障环境""信息基础设施"和"综合业务应用"进行了深层次划分。

第一,保障环境建设由标准规范体系制定、安全保障体系建设、关键技术研究、人才队伍培养等部分组成。

第二,信息基础设施建设包括数据库资源、网络设施、信息采集与监控、硬件设施、安全设施等。

第三,综合业务应用体系是指满足园林绿化业务管理、便民服务、辅助决策和应急指挥需要的各项信息系统建设,我们将其细分为基础平台、智慧管理、智慧服务三部分,分别满足不同层次、不同对象的应用需求。

智慧园林信息管理平台属于智慧园林信息化总体布局中的智慧服务部分,主要运行于政务网内,用来实现园林绿化信息化应用系统及数据的综合集成展示和应用。

(二)业务数据接口模型

智慧园林信息管理平台的智慧园林综合信息门户包括园林景点监测、客流量监测、遗产监测、绿化信息查询、绿化工程信息查询、视频监控、安保信息查询、地图查询以及统计分析等功能。其中使用到的园林景点数据、绿化现状数据、古典园林基础数据、风景名胜数据、古树名木数据、绿化养护数据、绿化审批数据、园林绿化动态数据(含视频监控数据)等均保存在园林行业主管部门的业务数据库中,由专门的业务应用系统(如电子门票管理系统、风景名胜区监管信息系统、世界文化遗产动态监测预警系统、视频监控系统等)实现相应的业务管理及业务数据的管理与更新。在智慧园林信息管理平台的开发过程中,针对平台要访问和调用的业务数据开发了专门的业务数据接口,如园林企业管理数据查询接口、园林绿化工程查询接口、景点门票信息查询接口、风景名胜区监管查询接口、视频监控查询接口等。

智慧园林信息管理平台访问和调用园林绿化业务数据的流程如下:

第一,智慧园林信息管理平台分别向不同的业务数据接口发送数据访问和调用请求;

第二,业务数据接口在接收到数据查询请求后,执行有关数据查询过程,将查询结果打包并回传给智慧园林信息管理平台;

第三,智慧园林信息管理平台在接收到查询结果后,在平台中加以展现。

地理空间数据与业务数据的共享集成有所不同。它主要利用基础地理信息共享服务平台所发布的地图切片服务接口、WMS服务接口、WFS服务接口以及地理功能服务接口等。

智慧园林信息管理平台访问和调用基础地理数据的流程如下:

第一,智慧园林信息管理平台向基础地理信息共享服务平台发送图形调用请求;

第二,基础地理信息共享服务平台在接收到图形数据查询请求后,执行有关图形数据查询过程,将查询结果打包(以地图图片或 JSON 格式属性数据)并回传给智慧园林信息管理平台;

第三,智慧园林信息管理平台在接收到查询结果后,在平台中的地图窗口中加以展现。对于园林绿化的专题地理数据,在平台中可直接访问和调用,并能与基础地理信息共享服务叠加显示。

(三)业务数据接口调用处理流程

1. 园林景点售票检票数据接口调用处理流程

智慧园林信息管理平台要共享调用园林旅游网电子商务平台所发布的园林景点售票检票数据服务,获取即时动态的售票、检票信息,并在平台中显示。平台调用处理园林景点售票检票数据的流程如下:首先智慧园林信息管理平台设置一个时间间隔参数,按照这个时间间隔的频率去获取和刷新售票检票数据,平台监控系统的运行时间。当系统运行时间达到所设置的时间间隔节点时,平台启动调用园林旅游网电子商务平台售票检票接口,园林旅游网电子商务平台(或发布程序)处理该调用请求,返回结果。如果返回结果正确(通过结果消息包中的标识位判断),则将返回的结果数据更新到智慧园林信息管理平台的本地数据库中。然后智慧园林信息管理平台通过访问本地库,将有关的售票检票信息在平台界面中展示出来,完成一个循环处理过程。之后,按照设定的时间间隔,继续循环,不断获取和刷新园林旅游网电子商务平台的即时售票检票数据并加以展现。

2. GIS 地理空间数据接口调用处理流程

下面以地图瓦片(Map Tiles)服务的接口调用为例,说明智慧园林信息管理平台中的 GIS 地理空间数据的接口处理流程。

首先是地图瓦片的预处理过程。第一步,采用地图瓦片工具将配置好制图样式的基础地图数据(一般为 MXD 工程文件)进行地图切分,即按照多级设定好的显示比例尺,生成一定尺寸大小(一般是 1024 像素×1024 像素)的图片。切分后的文件保存在服务器的物理磁盘空间中。第二步,在基础地理信息共享平台中配置好瓦片地图的名称、存放路径等信息,发布成地图服务。然后基础地理信息共享平台可提供REST 服务形式的地图瓦片请求接口。

其次,智慧园林信息管理平台在地图窗口访问地图时,会发送指定范围的地图瓦片 REST 服务请求。基础地理信息共享平台的 REST 服务接口会依据接收到的请求参数进行处理,回传请求结果的地图瓦片数据。智慧园林信息管理平台判断是否正确返回了结果,如果正确返回了结果,则智慧园林信息管理平台会调用 ArcGIS Silverlight API 瓦片服务对象,加载所返回的结果地图;如果没有正确返回结果,则将以空白图片来显示。最后所返回的地图对象在智慧园林信息管理平台的地图窗口中正确显示,并能与其他的专题地理数据叠加显示和分析。

最后,在智慧园林信息管理平台的地图窗口有新的操作和刷新要求时,将重复上述过程。

3. 视频监控数据接口调用处理流程

视频监控数据的集成是智慧园林管理平台中重要的展示内容。

首先是获取指定的视频监控点。视频监控点位的查询包括两种方式:一是在图上划定一个空间范围获取视频监控点;二是通过属性查询获取视频监控点。通过调用 ArcGIS Silverlight API 空间查询接口(QueryTask)查询视频监控点位分布图的地图服务,返回视频监控点的查询结果。

其次,指定需要在视频播放器插件中播放的视频监控点,提取视频监控点包含的监控设备编号、视频端口、呈现视频的播放窗口等。

再次,调用视频播放器插件,传入待播放的视频监控点信息。视频监控共享服务平台处理有关参数请求,从指定的监控设备中返回监控画面。

最后,如果正常返回监控画面(图像),则在智慧园林信息管理平台所集成的视频播放器插件中播放相应的视频画面(图像)。对于不能正确返回监控画面(图像)的情况也在播放器插件中有相应反映。

三、技术路线

智慧园林信息管理平台所对应的子系统智慧园林综合信息门户采用 B/S 架构，所建立的地理空间数据库采用的是 ArcSDE＋Oracle 的数据管理方式，数据库平台为 Oracle llg，GIS 平台主要采用 ArcGIS Server 10.1。开发平台选择 Microsoft Visual Studio. net 2010(C＃. net)，智慧园林综合信息门户主要采用 Microsoft Silverlight 富客户端技术来开发，以增强系统的表现力。

四、系统安全机制

（一）系统应急方案

除了日常的数据备份和恢复机制、灾难恢复措施之外，在故障发生时，还需有应急措施来应对，以尽量减少系统瘫痪所造成的损失。在智慧园林信息管理平台的部署方案中具体采用了以下几点措施：

第一，配备 UPS 电源，在断电情况下能够启动应急电源。

第二，数据存储采用全光纤存储设备，同时做 RAID 5，并用磁带机或是光盘刻录机及时进行备份，保证数据的安全。通过这些措施可基本解决磁盘存储的可靠性问题。在发生故障时可以及时进行恢复，但恢复需要一些时间。

第三，两台作为数据库服务器（兼做地图服务器）的服务器做双机 RAC，如果一台服务器宕机，则可自动启动另一台服务器，及时恢复平台的运行。

第四，平台运行可能存在的“瓶颈”主要在于矢量数据服务的发布和共享。平台采用两台 ArcGIS Server SOM＋四台 ArcGIS Server SOC 组合应用（每台 SOM 机器带两台 SOC 机器）的方案，可起到负载均衡的作用。同时即使其中任何一台、两台或三台服务器出现故障，也能保证平台的正常运行。

第五，平台部署了两台万维网服务器，即使一台出现问题，也可保证平台能正常运行。除了在方案中做好各种预案之外，事先针对各种可能出现的情况，制订灾难恢复的应急预案，并多加演练是十分重要的。

（二）数据安全策略

智慧园林信息管理平台投入使用后将涉及与相关委办局之间的信息共享，共享的信息包括影像图、地形图及其他专题数据，其中影像图与地形图等数据有保密要求，所以在前期设计时需要考虑平台的数据与网络安全。

智慧园林信息管理平台所涉及的国家有关测绘数据安全管理方面的规定和国家有关的政策的几个要点如下：

第一，超过 6 平方公里的地形图数据的保密级别被定义为秘密级。

第二，经过加工后的影像图数据（如加上文字标注信息等），需要经过保密审查，通过后才能对外共享。

第三，国家鼓励政府部门间的政务信息共建共享；通过采取一定的技术措施，可以在政务网上共享使用以上数据。

结合有关政策要求，智慧园林信息管理平台可采取以下措施来保证数据的共享及安全：

第一，智慧园林信息管理平台与相关委办局之间的数据共享将在政务网上运行，政务网主要连接各委办局等政府部门，和互联网是逻辑隔离的。

第二，智慧园林信息管理平台的地图数据利用 ArcGIS Server 平台实现浏览器（如 IE 等）方式的发布。发布的数据采用图片形式，访问用户无法下载真实数据，同时保证每次提供的地形图数据限制在 6 平方公里范围之内；影像图数据采用范围越大、分辨率越低的"金字塔"结构处理。

第三，智慧园林信息管理平台所使用的基础地理数据（影像图、电子地图等）主要是共享全市基础地理信息共享平台所提供的地理信息共享服务，这些数据在通过基础地理信息共享平台向相关委办局开放共享前，一般都已经报请有关部门进行保密审查，获得了正式的审图号。

第三节　智慧园林综合信息门户的设计与实现

一、智慧园林综合信息门户的设计与实现

（一）智慧园林综合信息门户的需求分析

智慧园林综合信息门户的主要功能需包括首页、园林景点监控、世界文化遗产（古典园林）监测、园林绿化工程项目信息监控、视频监控、地图查询、统计分析、智能分析等。

（二）智慧园林综合信息门户的设计与实现

智慧园林综合信息门户包括如下功能。

1. 首页

首页提供整个智慧园林综合展示的古典园林专题图（并可进而查看全市城市园林绿化地图）、智慧园林信息管理平台各子系统的入口链接、其他各园林绿化应用系统（如园林景点票务管理信息系统、景区游客流量监控系统、风景名胜区监督管理系统、园林景点视频监控系统、世界文化遗产动态监测预警系统等）的链接、用户登录与新用户注册、重点数据或统计报表（如动态数据、日报、周报、月报、季报、年报等）展示、用户意见交流反馈链接等。

（1）信息集中展示

首页将集中展示园林绿化管理的各项综合信息，如新闻动态、月报、年报、实时监控信息以及各项统计数据等。

（2）用户单点登录

系统提供了注册用户登录及身份验证功能。通过建立单点登录机制，在条件具备的情况下，可以直接登录进入首页上放置了超链接的园林行业主管部门其他应用系统。

（3）用户注册

系统提供平台新用户的注册登记及注册用户信息的修改功能，例如用户密码修

改等。

2. 园林景点监控

地图上直观显示各园林景区监测点的客流量信息(如门票预订销售数量、刷卡进园林景点人数等),并及时刷新实时监测数据。采用不同符号代表不同拥挤程度的表现形式来反映园林景区客流量实时专题图(类似交通流量线圈图),方便旅行社或游客及时查询,合理调整行程安排,利于疏导旅游客流;同时,如果某园林景区瞬时的客流量超出预警阈值,系统将根据不同级别情况自动发出警报,并在地图上以醒目闪烁方式呈现。

(1)园林景区检索

以列表形式显示园林行业主管部门所管理的各个园林、景区景点的名称,并支持关键词的查询定位。

(2)园林景点图上查询定位

在地图上显示各园林、景区景点的分布情况,支持关键词的查询,能在图上快速定位,并能查询园林、景区景点的详细信息。

(3)园林景点票务信息查询

可以根据时间范围、园林景点名称等条件查询到某一园林景点的票务统计数据及实时票务数据等。

3. 世界文化遗产(古典园林)监测信息动态查询

通过共享调用中国世界文化遗产动态信息系统和监测预警系统(苏州试点)所提供的数据服务接口,实现在统一的基础地图上叠加园林绿化专题数据(含各监测点的位置分布图等)和动态监测数据(与 RFID 传感器数据等动态数据关联),点击监测点可显示此时此地的监测数据以及过去一段时间的监测数据,例如视频监控数据以及温度、湿度、水位等传感器传回的实时监测数据等。监测信息包括针对世界文化遗产(古典园林)的日常监测、定期监测、反应性监测、预警等,系统支持对这些监测信息的动态查询和展示。

(1)日常监测数据展示

在线获取中国世界文化遗产动态信息系统和监测预警系统(苏州试点)的日常监测数据,并在地图中世界文化遗产苏州古典园林的位置上以适当形式展示。日常监测数据包括遗产整体信息、遗产本体信息、自然生态环境信息、历史人文环境信息、遗产保障体系信息。按照重要性程度不同,对各类监测要素设置不同的监测频率,组织定期监测,并及时采集监测数据入库。

(2)定期监测数据展示

在线获取中国世界文化遗产动态信息系统和监测预警系统(苏州试点)的定期监测数据,并在地图中世界文化遗产苏州古典园林的位置上以适当形式展示。这部分监测一般是以五年为一个周期,由省文物局和国家文物局组织实施。

(3)反应性监测数据展示

在线获取中国世界文化遗产动态信息系统和监测预警系统(苏州试点)的反应性

监测数据,并在地图中世界文化遗产苏州古典园林的位置上以适当形式展示。反应性监测属不定期监测,主要根据世界文化遗产地可能出现的问题即时实施。其中包括世界文化遗产的文物养护、维修过程的监测数据以及发生问题后的事件处理数据库等。

4. 工程信息监控

在地图上显示园林绿化各工程项目的分布图,并以不同颜色图例表示不同工程项目的动态情况,点击某工程项目,可具体查看该园林绿化工程项目的详细信息。

(1)工程项目检索

以列表形式显示园林行业主管部门所管理的各个园林绿化工程项目的名称,并支持关键词的查询定位。

(2)工程项目图上查询定位

在地图上以项目分布专题图的形式显示各个园林绿化工程项目的分布情况,并可输入条件查询后快速在图上进行定位,定位后可以详细查看项目的有关信息。

(3)工程项目状态专题图

在地图上以不同颜色图例表示不同工程项目的动态情况,生成专题图,例如以未开工、建设中、已竣工等三种不同图标符号表示不同状态的工程项目。

(4)项目详细信息

在地图上查询到某个园林绿化工程项目后,可以查看该项目的详细信息,并可进一步查看该项目实施情况的照片对比等,从而能够更直观地展示项目实施的效果。

5. 视频监控

将在市各园林景点布设的监控摄像头连接成网,在系统中可以通过直观的地图查询、园林景点名称查询等方式,快速定位到摄像头的位置,点击查看该位置的实时视频。

(1)视频点检索

在系统中可对已连接到智慧园林信息管理平台中的所有视频点的名称(编号)进行列表,可设置关键词查询定位,点击选中的视频点可以查看该视频点对应的摄像头的信息。

(2)视频点图上查询定位

在地图窗口,叠加电子地图或影像图,可以列出各视频点的分布位置,点击任意图上一点,可以查看该点视频。

(3)视频查看

通过检索方式或地图方式进入后,可以实时查看摄像头传输的视频图像。

(4)视频云台操控

对于支持云台操控的摄像头,系统将集成操控程序,在大屏幕上也可以调节摄像头的方位、角度和景深等。

6. 地图查询

系统可调用地形图、遥感影像图、电子地图等基础地理数据;在基础地图上叠加园林绿化专题数据完成基于地图的查询。

（1）图形浏览

图形浏览包括下列详细功能。

①放大、缩小：地图窗口的放大显示、缩小显示，包括定比例尺的缩放、无级缩放和局部放大功能。

②漫游：在地图窗口中可以任意方向漫游，改变地图窗口的位置。

③全图查看：在地图窗口中按照全市范围显示地图。

（2）地名定位

通过输入地名，将地图窗口定位到需要查询的位置。

（3）书签定位

可以将用户感兴趣的区域定义为一个个的书签，通过选择事先定义好的书签可以定位到关联的区域。

（4）距离量算

在地图窗口任意画出多段线段，系统可分别显示分段线的长度以及多段线的总长。

（5）面积量算

在地图窗口画出任意的多边形，系统可直接显示该范围的面积。

（6）属性查询

用于查询显示各类数据的属性信息。

（7）多窗口地图对比

可以同时开两个窗口、四个窗口，在每个窗口加载不同的地图，进行同步、对比等，便于实现数据的查询与分析。

7．统计分析

智慧园林综合门户系统可以实现部分园林绿化的统计分析功能，包括园林绿化指标计算、园林绿化专题图生成、统计报表以及打印输出等功能。

（1）园林绿化专题图生成

园林绿化专题图生成功能可以在地图上采用以不同符号代表园林景点的不同拥挤程度的形式生成各园林景点的即时客流量专题图，直观反映全市各园林景点的客流情况，为游客客流的合理疏导提供指导。它还可以根据园林绿化专题指标数据生成有关的专题图，如柱状图、饼状图等。

（2）统计报表

设定统计范围、统计时间、统计指标等条件后，系统通过配置统计报表样式，可以生成符合条件的统计报表，并生成柱状图、饼状图等，报表结果可以输出为 Excel 文件，同时完成打印。

（3）打印输出

系统可以将用户当前窗口的地图生成图片，在一个单独的页面中打开，然后可利用浏览器本身的打印功能实现地图的打印输出。

8. 智能分析

智慧园林综合信息门户系统结合园林行业主管部门的实际业务应用需求,集成了一些智能化分析应用功能,包括景点客流量智能识别、遗产监测智能预警、园林绿化指标计算等功能。其中,景区客流量智能识别、遗产监测智能预警主要借助于传感器、智能识别器视频监控器等智能化设备来获取信息,系统接收、处理和展示这些信息。同时,系统也综合应用了 GIS 空间分析功能,能够根据空间范围获取各类数据,并根据指标模型计算得出相应的绿地率、绿化覆盖率等园林绿化指标。

(1)景点客流量智能识别

该功能主要利用了视频监控摄像头的人像识别("点人头")功能。一般来说,每个园林景点都有适宜的在园人数,如果在园的人数超过了一定的阈值,则在整个景点中游客的游览舒适度会大打折扣,并带来一定的安全隐患,所以目前国内很多热门的园林景点都要控制在园人数。当在园人数达到一定的阈值时,园林相关人员要发出预警信息,及时疏导游客选择其他的景点游览或采取其他的疏导措施。目前苏州的大部分园林景点的入口都安装了闸机,通过刷园林卡、门票或身份证的设备,可以相对准确读取出入园的人数,但关键的难度在于如何准确计算得到出园的人数。相关人员经过比较分析,确定了采用视频监控摄像头识别的方式来计算出园的人数,通过在视频监控服务器上添加图像分析功能,识别出从园林景点出口处出去的人员数量。通过反复试验、调试,目前该识别功能的准确度在 95% 以上。在获取到各园林景区监测点的客流量信息(如门票预订销售数量、刷卡进园林景点人数、出园人数等)之后,系统会自动刷新实时监测数据,并采用不同符号代表不同拥挤程度的形式,生成反映园林景区实时客流量的专题图。如果某园林景区瞬时的客流量超出预警阈值,系统将根据不同级别情况自动报警,并以醒目闪烁方式呈现。另外,点击具体某个园林、景区、景点,可以查看该园林、景区、景点的客流量的详细信息。

(2)遗产监测智能预警

例如,苏州古典园林以其古、秀、精、雅、多而享有"江南园林甲天下,苏州园林甲江南"之誉,是苏州独有的旅游资源。苏州市园林行业主管部门在遗产监测与保护方面开展了深入研究,在智慧园林信息化平台项目中配置了多项传感器设备,包括温度、湿度、木质建筑中梁的变形监测等,并结合一些研究成果分别设置了一级预警、二级预警等监测模型,一旦实时监测的指标数值达到了预警值,则即时发出预警。并在地图中世界文化遗产苏州古典园林的位置上以特殊图例表示不同预警级别,并可进一步查看预警信息。

(3)园林绿化指标计算

根据系统中定义好的园林绿化指标及其算法模型,在系统中可以对全图范围以及任意划定区域范围进行园林绿化指标的计算,并显示计算结果。园林绿化指标包括建成区的绿化率、绿化覆盖率、林木覆盖率、公园绿地服务半径覆盖率、城市道路绿地达标率、河道绿化普及率等。这些指标都有严格的计算公式和规定,完全要手工计算的话,工作量巨大。在智慧园林综合门户系统中,人们可以依据系统数据库中的各类数据(如绿地分布图,乔木、灌木、草坪、水体、道路等专题数据),利用 GIS 空间分析功能实现园林绿化指标的计算。下面以建成区的绿化覆盖率这一指标为例加以说明。

计算方法:

建成区的绿化覆盖率(%)=(建成区内绿化覆盖面积/建成区面积)×100%。

其中,建成区内绿化覆盖面积是指区域中乔木、灌木、草坪等所有植被的垂直投影面积,包括屋顶的绿化植物垂直投影面积、零星树木的垂直投影面积,乔木树冠下的灌木以及草本植物不能重复计算。

在系统处理时,首先是分析了园林绿化相关的几个图层数据,包括乔木(点要素层)、灌木(点要素层)、行道树(点要素层)以及绿地图层(面要素层)。其中这些点要素层的属性信息中均包含有干径和冠幅等属性;然后对这些点要素层进行缓冲区分析,按照冠幅字段值生成点缓冲区;将这些缓冲区面连同绿地面数据一起,进行空间融合处理,形成一个合并后的并集面,从而得到建成区内的绿化覆盖面积。建成区面积则通过行政区划面计算得到。有了这两个面积,便可计算出建成区的绿化覆盖率。同时,系统也提供按照划定范围计算该范围内的绿化覆盖率等指标的功能。在实践中,通过系统计算得到的绿化覆盖率等指标数值与有经验的园林绿化专业人员计算得到的指标数值的误差在允许的范围内,准确性得到了验证。

二、数据和系统接口的设计与实现

(一)接口设计的指导思想

按照"权威部门管理权威数据"的原则,园林绿化综合数据库的建设可在统一的数据中心总体要求以及遵循各类数据标准规范的基础上,由相关部门负责建设好、维护好本专业的数据库,而智慧园林信息管理平台主要负责做好不同的成熟系统专题数据的共享集成工作。所以相关人员需深入研究如何建立数据更新维护管理的长效机制,以保证数据的现势性、准确性,满足园林绿化监管、社会化服务的需要。

同时,考虑地理信息的特殊性,智慧园林信息管理平台主要基于"一张底图"区域管理和数据整合模式,来实现园林绿化专题数据与基础地理数据的整合。

(二)园林绿化专题数据的接口设计与实现

智慧园林信息管理平台建设的指导思想之一是数据共享,避免重复建设,尽可能集成园林行业主管部门现有的各应用系统中的数据,在大屏、电脑、手机等客户端上统一展示。所以,一方面要做好现有各应用系统的调研分析,尽可能集成更多的现有数据;另一方面,要提高其他应用系统的接口友好性、数据丰富度等,这些因素都会一定程度上影响到平台建设的应用效果。

在市园林行业主管部门现有的多个应用系统中包含有大量动态的园林绿化专题数据及监测数据等,这些数据的特点是种类多、数据量大、实时更新快,在建设智慧园林信息管理平台时不必重复建设,重点要做好与现有这些系统的数据接口,实现数据的在线集成调用,并在智慧园林综合信息门户系统、智慧园林大屏幕 GIS 监控系统以及掌上园林绿化信息系统中实现各类数据的集成,实现园林绿化专题地图与属性数据的一体化展示、查询和分析。

智慧园林信息管理平台共享调用的数据应包括但不限于以下内容：

1. 园林景点票务信息的接口

智慧园林信息管理平台与各园林景点的票务管理信息系统、园林旅游网实现接口共享调用,动态展示各园林景点的预订预售、在线支付销售等的门票数量、门票收入、订单情况等。

2. 检票以及景区游客流量监控信息的接口

智慧园林信息管理平台与园林旅游网、门禁检票系统、景区游客流量监控系统实现接口共享调用,在智慧园林信息管理平台等应用系统中动态展示各园林景点的在园游客数量、刷卡入园游客数量等信息。

3. 世界文化遗产动态监测预警数据库的接口

世界文化遗产动态监测预警系统建立和保存了大量的古典园林监测预警数据,智慧园林信息管理平台需开发相应数据接口,共享调用世界文化遗产动态监测预警系统中的动态预警数据、汇总数据、结论性数据、趋势性数据等,并在智慧园林信息管理平台等应用系统中统一展示。

4. 视频监控数据的接口

智慧园林信息管理平台需开发相应的接口,实现与各园林景点视频监控系统的信息集成,方便所有视频监控的共享调用。

5. 风景名胜区监督管理数据库的接口

设立风景名胜监管专题,开发相应接口,共享调用风景名胜区监督管理系统中的风景名胜区监管数据,在智慧园林信息管理平台等应用系统中统一展示。

(三)GIS地图数据的接口设计与实现

GIS地理数据由于具有特殊性,共享一般采用地图瓦片服务、WMS服务和WFS服务等形式。在设计GIS地图数据的接口时,需要重点考虑以下几点内容:

1. 坐标系问题

来源于不同服务器的地理数据要能集成在一起,首先是要解决地理坐标参考问题。只有所有地理数据的坐标系统一,才能保证多源地理数据的集成。

2. 数据格式转换问题

由于智慧园林信息管理平台采用的技术路线为 ArcGIS 平台,ArcGIS 平台对GIS 数据和服务的支持相对较好,所以对 GIS 数据格式转换问题的解决方案是:①针对基础地理数据,如电子地图和影像图,采用 OGC 标准的 WMS 服务、WFS 服务和地图瓦片服务形式,无须特别格式转换;②针对园林景区分布图、景区平面图等专题地图数据(有些是 AutoCAD 格式),统一将这些地图数据进行格式转换,转换成 Arc-GIS 格式,并保存在 ArcSDE 数据库中。智慧园林信息管理平台可以直接调用这些ArcSDE 数据,并进行符号化配置。

3. 地图瓦片服务的调用

对于电子地图、影像图等基础地理数据,虽然电子地图数据多达上百个图层,但在整个智慧园林信息管理平台中,并不需要单独区分出各个图层,而只要作为一个整体的背景图层就可以,所以这部分地图数据,我们一般是按照一定的比例尺分级,事先生成固定大小(1024 像素×1024 像素)的图片,然后在平台的地图窗口中加载时,可以根据当前的视野范围,自动调用所在位置的、所在分级的地图瓦片,这样能够大大提高地图数据的访问和加载速度。

4.矢量地图服务的实现

对于园林景点分布图、景区平面图等专题地图数据,我们首先将这些保存在 ArcSDE 中的专题地图数据配置成 MXD 文件(设置好地图要素的符号、可见比例、图层顺序等)发布为 WFS 服务;然后利用 ArcGIS Server 平台将这些 MXD 文件发布为 WMS 矢量地图服务,在智慧园林信息管理平台中配置好这些矢量地图服务,配置好图层信息和字段信息;最后在平台中即可正常加载这些专题矢量图层,完成地图加载、属性查询等操作。

5.地图数据的集成调用

智慧园林信息管理平台的后台维护系统可以做好地图图层、字段属性、地图图层权限的配置工作;在智慧园林综合信息门户中配置了图层控制功能,以图层树状结构代表该登录用户具有权限的地图图层,通过设置地图显示的开关、透明度等参数,来刷新和控制系统地图窗口中显示的地图数据。

6.提高地图访问效率的措施

为了提高平台中地图访问的效率,我们计划采用以下措施:一是将不用查看的数据和分层查看的地图数据尽量事先做好配图,并生成地图瓦片;二是将地图瓦片的图片格式保存为 PNG 格式,缩小地图瓦片文件的大小,这对于提高地图的访问效率也大有帮助;三是增加多台地图应用服务器,实现负载均衡。

第四节　智慧园林背景下的公园园林绿化与养护管理

智慧园林理念的提出,改变了新时代公园园林绿化与养护管理工作模式以及城市发展建设方向,极大地提高了公园园林管理质量和效率。

现阶段,基于智慧园林的公园园林绿化与养护管理模式建设已经成为城市园林发展的关键环节。这是因为在智慧园林理念及技术体系下,公园园林绿化与养护管理能够实现资源共享、信息互通,在确保管理效果的同时,也提高了城市居民的生活质量和城市的宜居程度。

一、公园园林绿化与养护管理系统的构建

(一)网络结构构建

在公园园林绿化与养护管理系统中,各项公园园林绿化与养护管理业务均被部署在城市电子政务内网中,各方管理部门(企事业单位用户)能够通过访问电子政务内网的形式,共享园林绿化与养护管理信息和数据。公共信息服务业务部署在电子政务外网上,各方管理部门能够通过主推送的形式,向公众(普通公众用户)发布园林

绿化与养护管理信息和数据。

（二）硬件结构构建

公园园林绿化与养护管理系统的硬件设备包括 PC 终端、视频监控设备、移动终端、无线射频识别（Radio Frequency Identification，RFID）读卡器、GPS 接收基站、服务器等。管理部门可以结合公园园林绿化与养护管理需求及现状，对硬件设备进行个性化参数设置，可以通过智慧园林技术构建具备三维化、仿真化、可视化功能的数字沙盘模型，并且将沙盘模型与公园园林绿化与养护管理系统整合在一起，实现两个平台的信息共享、统一展示及建设。

（三）软件结构构建

公园园林绿化与养护管理系统的软件的结构包括地理信息系统、防病毒系统、基础操作系统、数据库管理系统、数据备份系统等。

（四）系统架构设计

公园园林绿化与养护管理系统应用的是自上而下的系统架构设计方式，设计依据为我国既定的园林管理标准、流程、报表格式、证件格式，同时遵循结构化和模块化设计原则，共分为应用层、业务逻辑层、数据层三层，能够确保系统的正常运行以及园林绿化与养护管理业务的高效完成。

二、公园园林绿化与养护管理系统的实际应用

（一）采集园林绿化与养护管理数据

第一，在公园园林绿化与养护管理系统中，管理部门能够通过全站型电子测距仪（全站仪）测量单一树木的绿化与养护管理数据，具体包括树木高度、树干材积、胸径、冠幅、三维坐标等。其中，树干材积是在基本数据的基础上通过数学模型计算得到的，每项数据的测量及计算精确度都能够达到 99.99%；三维坐标通常通过 GPS 定位技术测量，在 GPS 信号较弱的情况下，可以使用全站仪测量。基于单一树木数据，系统可以构建单一树木生长三维模型，模拟该树木的未来生长趋势和绿化与养护管理效果。

第二，在公园园林绿化与养护管理系统中，管理部门能够通过 GPS 定位技术测量园林绿地面积，具体流程如下：定位接收装置接收 GPS 定位数据，根据基准站的精密坐标计算出基准站到卫星的具体距离数据，随后发送数据，定位接收装置在接收到信息之后自动校正定位结果，从而获得园林绿地的具体坐标信息，计算园林绿地面积。

第三，在公园园林绿化与养护管理系统中，管理部门能够构建同时具备属性数据和空间数据的数据库，并且实现对空间数据的数字化处理，即在计算机中输入航拍照片、遥感影像等地图文件，使地图能够成为一种数据识别的方式，并且被应用到地理信息体系中。

（二）制订园林绿化与养护管理规划

为了实现对同一植物的不同时期绿化与养护管理，需要明确这一植物在不同时期的景观效果及生长情况，如枝叶形状、植株高低等。在公园园林绿化与养护管理系

统中,管理部门通过形态结构野外测量法及数据库,获取园林绿化与养护管理规划制定信息,从而构建虚拟园林环境。具体来讲,可以对植物根、茎、叶、花、果实等植物器官进行三维建模。植物果实建模流程如下:大部分植物果实为轴对称或近似轴对称形状,因此可以在广义圆柱体中心轴模型的基础上,生成一组与植物果实外形相关的特征点,随后结合特征点重建果实表面,最后对果实表面进行真实感处理,从而形成基于参数曲线控制的植物果实模型。

（三）构建园林绿化与养护管理体系

第一,在公园园林绿化与养护管理系统中,管理部门能够基于 GIS 系统和网络系统构建门户网站,通过网站向普通公众用户及企事业单位用户公开政务信息,使用户能够通过网站实时查询公园园林绿化与养护管理信息,并且该系统也支持行政管理、投标管理、竞标管理、资质管理、网络举报、行政处罚、法律管理、政策管理等综合性管理服务。

第二,在公园园林绿化与养护管理系统中,管理部门能够构建基于智能终端的公园园林绿化与养护管理监督体系,通过 GIS、GPS、RFID 等先进技术,实现对公园绿地的实时跟踪管理,及时发现绿化面积缩小、绿化与养护管理内容变更、公园绿地遭到破坏等问题,并且结合实际情况进行有针对性的调整,避免后续导致更为严重的问题。基于信息化监督体系,管理人员能够通过移动客户端和定位功能,提高绿化与养护管理工作的信息化和数字化水平,在发现上述问题之后,能够通过移动客户端的拍照、录像、录音等功能采集现场数据,并将采集的数据上报到数据库中,为后续开展管理工作、解决管理问题、处罚不良行为提供有效依据。

三、基于智慧园林的公园园林绿化与养护管理的效果及发展方向

（一）公园园林绿化与养护管理的效果

应用上述公园园林绿化与养护管理系统后,公园园林绿化与养护管理将取得如下效果:

第一,提高公园园林绿化与养护管理业务技能,坚持从以人为本的角度出发,加强智慧园林模式相关的知识学习,获得显著的绿化管理效果。

第二,为园林植物的生长提供健康环境,通过智慧园林模式完成浇水养护、施肥、修剪造型、病虫害防治、防冻涂白、适时修剪存在安全隐患的行道树等公园园林绿化与养护管理工作。

第三,增强园林绿化景观效果,通过智慧园林模式推进园林绿地建设,结合"国家卫生城市""国家卫生县城"创建标准和要求开展公园园林绿化与养护管理活动。

（二）公园园林绿化与养护管理的发展方向

基于现阶段公园园林绿化与养护管理效果,在公园园林绿化与养护管理方面的下一步工作计划如下:

第一,完善各类规划编制,为智慧园林模式的应用奠定制度基础。

第二,完成不小于县城规划区范围的生物物种资源普查,充分发挥智慧园林模式在城市生物多样性保护中的作用。

第三,稳步推进园林绿化数字信息库建设,通过信息库和智慧园林模式进一步更新园林绿地面积、位置、规划情况、绿化与养护管理现状等诸多信息。

第四,构建园林绿化信息发布与社会服务信息平台,实现对园林绿化与养护管理工作的动态监管,并且在重大绿化管理工作实施前听取民众的意见,在绿化管理工作中接受民众的监督。

第八章 园林工程全过程项目管理过程的信息化研究

第一节 园林工程项目管理中信息技术的应用研究

园林工程建设不仅能起到美化环境的作用,更能净化周边空气,起到较好的绿化作用,同时也为市民提供了一个休息、娱乐、活动的场所。它在改善城市居住环境、提高居民生活质量、促进城市发展等方面都发挥了积极作用,是城市建设的重点内容,影响着市容市貌。在园林工程项目中融入信息技术,对提升园林工程项目建设水平具有重要意义。基于信息技术的园林工程项目建设,能为整个工程的设计、规划、建设、管理提供技术支持,提高项目建设质量,提升整体工作效率,节约更多人力、物力资源,降低项目建设与管理成本。

一、园林工程项目的特点

园林工程是将园林设计实体化的过程,指在一定区域内运用工程技术和艺术手段,通过种植树木花草、改造地形、布置景观、营造建筑等方式,创设出人造自然环境。园林景观既有审美价值,又有绿化价值,能起到生态环保作用,能改善城市环境,净化城市空气。但园林工程项目建设具有一定的复杂性和专业性,整个工程项目的实施涉及工程学、设计学、植物学、社会学、园林学等多方面内容,需根据地质条件、工程条件、气候条件进行园路、理水、种植、置石等工程建设,要对整个工程进行合理规划、设计、施工。

二、信息技术融入园林工程项目的作用

园林项目涉及的工程内容多,诸多环节都会对建设过程产生影响,如规划、设计、施工。传统园林工程项目建设模式依靠人工完成工作,沟通效率低、成本高,各环节影响因素多。而将信息技术融入园林工程的项目中,一方面基于信息系统进行规划、设计、施工能大幅度提升园林工程项目建设效率和质量,降低工程项目建设成本。例如,在设计阶段,设计师可运用 3D 图像技术,通过 3D 建模对园林场景进行还原,利用计算机对设计灵感进行直观表现,使非专业人士也能清晰理解设计思路。另外,基于计算机的设计中,通过对虚拟参数调整,能结合形态、颜色、光照等因素反映出园林景观整体关系,且效果图可多次修改。而手绘效果图很难实现直观表现,不仅绘制费时费力,且修改难度大,易给设计带来障碍。在工程管理中,基于计算机的管理与信息采集,可实现实时沟通、信息共享,提升管理效率。例如,在工程规划阶段,可利用GIS 技术获取准确的地理数据资料,为空间分析提供数据支持。又如,园林景观资源分析中可运用 RS 技术,建立相应评价模型进行数字化分析。另一方面,在施工阶段,园林设计师可通过计算机网络及时了解现场情况,在信息技术的帮助下为现场提供

技术支持,实现异地测量,通过 CAD 完成设计图的导入分析。因此,园林工程项目中应积极运用信息技术,通过信息技术推进园林工程现代化发展进程,解决以往设计中存在的相关问题。

三、信息技术在园林工程项目中的运用

将信息技术融入园林工程项目对园林工程建设有重要意义,能大幅度提升建设效率和质量,解决以往规划、设计、施工中的难题。

(一)GIS 技术的运用

GIS 技术,集成了 GPS 技术、信息处理技术、通信技术,能快速、高效获取地理空间信息,对地理信息进行分析、显示、描述、运算。该技术在园林工程项目中的运用,可实现高效地质测绘和准确收集地质资料数据。园林工程项目设计中,获取准确的地理资料非常重要。具体来讲,项目设计人员可通过 GIS 技术对周边地理条件进行调查,建立相应空间数据库,借助 GIS 对勘测区域进行动态模拟,采集清晰的图像信息。

(二)3ds Max 技术的运用

从园林工程项目设计来看,3ds Max 技术较为常用,能为设计提供便利条件。基于 3ds Max 技术可实现园林景观的虚拟化,模拟景观 3D 效果,还原真实场景。具体来讲,园林景观设计不能只按照设计师的意图完成,很多时候需要遵循客户的意图来设计。但传统设计条件下,设计图多具有抽象性特点。而在 3ds Max 的虚拟空间中,设计师可把场景还原,将园林景观的细节表现出来,如外观、地貌、道路,使非专业人士也可以清晰理解设计意图。

(三)CAD 技术的运用

目前来看,园林工程项目中对 CAD 技术应用最多。CAD 是计算机辅助设计工具,可对不同方案进行大量的计算、分析和对比,不论是数字、文字、图形都能进行高效的信息处理,并自动生成处理结果。因此,在园林工程项目规划中,应积极运用 CAD 技术对整个工程的方案进行模拟分析,对整个工程的各个细节进行数据处理分析,从而保障规划科学性、合理性,提升建设效率和质量,确保园林工程项目建设的经济效益、社会效益、绿化效益。

(四)RS 技术的运用

RS 技术即遥感技术,指利用遥感器及传感器接收各类地理电磁波信息,并基于信息技术对这些信息进行扫描、提取、识别、传输、处理。该技术可用于植被资源调查、环境调查、规划管理、城市调查等。目前应用传感器的仪器设备有全景仪、航拍仪、心率变异性分析仪、侧视雷达等。在园林工程规划中,可通过 RS 技术获取地理信息,进行环境调查,突破传统探测技术局限,准确获得丰富的数据,为园林工程项目后续的科学规划提供数据支持。

四、园林绿化中计算机管理技术的应用

开展园林绿化工作时,园林管理工作是较为重要的部分。网络信息技术、人工智能技术等计算机技术广泛应用于园林绿化工程中。计算机技术在园林绿化工作中应

用较为广泛,不仅可以有效控制施工成本,还能提高工作效率,在一定程度上,应用前景十分可观。网络信息技术主要利用网络功能将人力、物力、财力等进行科学合理的配置,实现分工协作,充分发挥各种资源的优势,使园林管理变得现代化。人工智能技术是结合了专业知识和相关领域成果以及经验的一种综合性技术。人工智能技术能够模仿人类的思考方式,管理者在管理时更直接、方便,在进行决策时更简单、明了。

第二节　BIM 技术在园林工程项目中的应用研究

一、BIM 技术在园林工程碰撞检测中的应用

传统的设计方案是以二维施工图纸为个体作为成品交付成果的,而 BIM 技术可以将各专业施工单位绘制的深化图纸进行建模复核,通过碰撞检测工作,解决机电专业管线之间及不同专业之间的碰撞问题,把图纸中存在的错漏问题在实体施工之前解决,检验各项工程是否符合要求。当代写字楼宇发展趋势越发对于建筑完成后的净空高度有所需求,超高层建筑的业主亦对该项目各楼层的建筑完成后净空高度予以严格要求,如办公楼层完成净空高度为 3 m,地下室车道、车位完成净空高度分别为 2.5 m、2.3 m。需要在标准楼层层高 4.2 m 的有限结构高度内满足各项目的净空需求,机电综合管线平衡的布置就显得尤为重要。相关人员需针对上述要求,根据施工项目的结构形式对各机电综合管线的布置问题进行全面复核,再利用该软件中的实际标高测量功能对各专业管线及支架等排布形式提出最佳方案建议。

在园林行业中,也一样存在专业交叉碰撞的情况,在园林工程、市政管网等专业进行汇总的时候,难免会发生一些碰撞问题。而碰撞检查是贯穿整个协同设计过程的,通过碰撞检查可以使园林工程、市政管网等协同设计的过程更为高效,并且在设计的过程中,可以持续地将不同专业的设计同步更新与优化,简而言之,任何一个单独专业的设计或多或少都会影响其他相关专业的设计,而且任何一个专业的设计也同样地受其他专业的设计的约束与制衡。而将 BIM 技术应用到碰撞检测,不但系统能够出具 BIM 模型中各种专业构件间的碰撞的具体位置、类型与数量,而且不同专业的设计从业人员可以依据导出的碰撞结果报告修改 BIM 模型出现问题的相应位置,使之更为优化与合理。碰撞检测是一种摒弃现今传统工程项目的做法,由具备园林工程、市政机电等丰富施工经验的工程师,采用电子图纸叠放平面图纸的形式,通过操作系统直观、精确地进行碰撞检测定位并生成报告,从而提供相关的优化施工方案建议,并向设计单位提出复核。

在项目的开展过程中,基于 BIM 的园林建筑设计从图纸设计中就开始选择相关构件进行园林的预设值。通过预设值后得到的 BIM 模型,如果要使其直接应用到后续指导项目生产和施工等方面,那么对项目图纸在设计后、施工前的阶段进行复核是一个必需环节。设计模型时 BIM 族库并不完善和完全切合实际,因此系统不能提前识别所有的情况。而且最终定下来的设计方案是通过图纸会审及统计分析甄选出来

的结果,所以不可避免地会有不满足条件的方案出现,这就需要进行具体情况的修改与替换,而项目图纸复核就是实现此项任务的重要手段之一。以往传统的工程项目在各专业的图纸复核工作上,都因阅读平面施工图纸难以完全理解建筑物的真实空间状态,容易存在人为对图纸的疏漏或错误判断等情况,而且各专业也会由于专业知识所限,各自复核而难以发现不同专业之间在同一个空间内存在的偏差。传统的园林景观设计一般都以施工图纸作为交付标准,其他各个专业的图纸在汇总时也难免会发生碰撞等问题。因此,以参数化理念进行设计与建造的项目也日益增多。园林工程、市政管网等专业的协同设计从广义来讲是结构、设计、建筑、机电等各专业在相同的一个工作平台下共享建筑项目信息模型,并以此为依据协同处理工作的一种手段。在基于 BIM 的多专业协同设计中,不同专业的技术人员之间使用各自建立的单专业模型,通过各个专业的设计人员间互相配合、互相协助一起完成项目的设计任务,再跟建筑信息基础模型链接并与其同步数据,进行碰撞检查后将添加新建或有所改动的几何或非几何信息自动同步添加到建筑信息基础模型中。BIM 应用中的碰撞检查功能拥有出具具体的碰撞报告的功能,可以罗列出模型中各个专业与各种构件间碰撞的点的详细位置、数量以及类型,从而使得设计人员可以根据碰撞报告修改 BIM 模型中相应的位置,使 BIM 模型更加优化。运用基于 BIM 的设计方式不仅可以让设计团队更快、更高效地完成各项任务,还能最大限度地优化各专业团队之间的工作流程与各设计专业之间的成果质量。

碰撞检查本身就是调整、优化 BIM 模型的一种重要方式。目前,就研究范围内,园林工程专业的应用碰撞检查平台为 Autodesk Navisworks 软件。这种软件具有仿真、可视化与分析多种模型特点等功能,能对错误和冲突进行精确的查找与管理,亦可进行 4D 施工的进度模拟。除了具有对模型进行相对全面的整合功能以外,它还具有 3D 模型的实时漫游、碰撞检测等功能。模型转化的工作可以通过核心的建模软件(如 Revit)完成,在模型导出成 Navisworks 模型时,可以在选项里直接选择导出 nwc 类型格式的中介文件,将该文件作为桥梁,以此衔接核心模型与相关辅助模型。在完成 BIM 模型转化的工作后,按实际需求组装通过定位点精准导入的其他相关不同专业的模型,以此实现园林工程、市政管网与景观设计模型的组合统一。通过对园林工程、市政管网与景观设计的碰撞检测与分析,为设计方案的优化提供具体的可行性建议,保证了园林工程项目全生命周期的效益最大化与管理高效、精细化。

二、BIM 技术在园林工程三维可视化中的应用

在传统的园林行业里,交流的模式都是设计方与施工方通过二维的 CAD 图和文字方案等文件向业主方进行汇报,但仅凭这些文件,业主方很难去想象和理解整个三维设计布局空间,这导致三方单位之间的设计方案讨论存在思想误差所带来的沟通障碍,费时又费神。BIM 技术可使人们通过相关软件(如 Revit、Navisworks、Lumion 等可视化软件)的漫游系统进行虚拟漫游,人们不仅可以直观地了解工程项目上的结构、建筑、机电和园林等专业的布置和整体效果,还可以利用鼠标及时了解不同构件的三维信息,从而为合理布置室外景观模型、绿化植物等构件时提供极大的方便,同

时还可发现一些不合理之处,及时调整,避免返工。例如,工程建筑设计外观、建筑设计布置是否合理,园林景观构建是否符合设计要求。设计方还可以通过观看电脑模拟效果制订工程样板设计方案,减少业主方及施工方设置实物样板的数量,利于业主方与施工方的成本和材料控制。

园林设计方案其实影响着整个工程项目的整体观感。在传统的方案设计过程中,园林设计人员只能通过二维的 CAD 图纸来实现设计的意图,但通过二维图纸,施工方难以理解设计方的设计意图,从而导致往后的施工不能如常进行。

目前,在园林工程的施工中,园林地形的开挖与施工并不能达到设计的要求,很多项目的地形施工没有按照设计方案去施工,经常出现标高过高、过低等情况,使得设计方的设计方案不能完美呈现出来。但是不能把造成这些情况的责任全推到施工方身上,根本原因其实还是来自二维 CAD 图纸。CAD 图纸上的各种各样的高程标高,忽略了项目现场的真实地形的实际情况,使得施工方在现场对土方开挖时还需要通过测量等方法去控制计算。为了适应场地地形的施工,施工方与设计方还要不断地对地形的设计进行图纸会审、调整等,浪费了大量的时间且效果不佳。

BIM 技术可以以导入的 CAD 图纸为建模基础,通过三维参数化来表现,为设计方案提供三维可视化的模型,在设计施工阶段将项目设计方案呈现并趋于完美。BIM 模型还可以整合整个项目各个专业的参数化的所有信息,包括业主方和政府相关部门的地形地块规划信息、周边地理环境、建筑物现状等。BIM 技术可以对以上的信息进行汇总并加以利用,将其作为设计方案的基础信息,并在此基础上进行设计方案工作。它能让设计方设计出来的地形不再像二维 CAD 图纸那样抽象,而是可以以三维的呈现方式实现设计方案的落地应用,从而指导施工。

以 Revit 为例,该软件可以根据图纸的高程标高将二维的地形以三维的方式呈现出来,并且由于是参数化的建模,可以根据高程的修改来修改模型,从而达到最佳的设计方案。与此同时,在设计方案的落实阶段,该软件可以取代以往使用 CAD、PowerPoint 等方式来进行汇报。在汇报时,相关人员还可以通过运用含有项目信息的 BIM 模型进行 4D 模拟、虚拟漫游等方式,从多个角度来查看地形设计的设计情况。BIM 技术将设计方案由原来枯燥的二维时代进化到了有项目信息的三维展示阶段。

景观可视化是数字技术在园林工程中应用的主要方向。设计方在进行宣传和介绍时也能让设计方案更加直观,从而更容易中标。

三、BIM 技术在园林工程质量控制中的应用

与传统建筑行业相比,园林模型同样可以具备类似建筑、土建、机电和市政管网等的数据信息。BIM 模型数据信息的准确性决定了园林项目施工工序和施工质量。在 BIM 模型的精度达到 LOD500 标准时,施工工序安装人员可按照施工范围与机电系统去统计各专业所需的各项材料与构件,施工管理人员亦可从 BIM 模型中查询各构件库、施工材料等信息。

在园林工程中,最重要的施工材料就是铺装材料和植物。

石材铺装材料往往由于施工时的人工误差或者施工人员对规范的不熟悉，直接导致园林工程在工程验收阶段受到影响，达不到设计方案所要求的观感，严重时还影响使用。因此，BIM 技术在施工阶段中，可以利用 Revit 等软件对铺装石材进行排布，让石材铺装排布得以参数化，并将最终的排布图纸交予石材厂家进行加工预制，这样既可提升工程质量，也可加快施工的进度，并且可以完善项目的 BIM 族库的材料、安装位置等信息，对施工班组亦可起到指导施工的作用。

植物是园林工程中最重要的组成部分，植物的种植与日常养护是园林工程的工作重点。园林工程可使用植物对设计方案进行点缀并改善环境。然而，植物在施工过程中需要被细心养护才能确保整个设计方案的完善。植物的最终生存率决定了验收是否可以通过，后期植物的生长决定了工程是否可以实现预期的效果。

植物生长是一个持续的过程，只有了解所有的信息才能对其未来的发展作出合理的规划和安排。园林工程师必须了解植物的设计特征，并熟悉植物健康生长所需的条件。但并非所有现场施工人员都能了解各种植物。此时，根据 BIM 数据库建立的植物生长习性等信息将起到至关重要的作用。施工人员可以查看现场所有植物的基本信息，在施工过程中对其合理保护和干预，提高其生存率。植物生长所产生的信息在项目转移阶段可以传递，以便业主方或物业管理部门了解植物前期的生长和后期维护情况。在 BIM 数据库信息的帮助下，项目的植物要素可以得到保护，减少该项目由于植物的不合理死亡而增加的成本，同时确保植物的美学效益和生态效益最大化。

四、BIM 技术在园林工程成本控制中的应用

工程行业传统的成本核算是项目预算人员根据二维 CAD 图纸通过人手计算来进行工程造价预算，这样既容易出现漏项，缺乏准确性，又浪费时间和人工成本。BIM 技术能自动计算工程实物量，在 5D 关联数据库基础上创建的 BIM 数据库可以使工程量的计算更加准确，同时能使成本预算更加准确、高效。该数据库对数据精度要求较高，因此能够尽快提供项目管理要用的各项数据信息，从而使施工管理效率大大提高。相关管理人员利用 BIM 数据库可以快速获取所需的任一阶段的工程基础信息，并通过对不同数据如合同、分项单价、合价以及计划消耗量、实际消耗量等进行比较，有效了解项目的盈亏、进货分包单价是否合理以及消耗量多少等问题，从而降低项目成本风险。

现代园林的工程量统计一般是在园林、市政管网、景观布置等模型都已经建立并综合优化好的基础上，对模型内的主材料和辅料进行一个量的统计的过程。这个过程有助于造价人员清晰地判断模型的精细度和材料信息的数量与分类是否与材料清单上的记录相符。因此，工程量统计在一个项目的工程成本核算里承担着重要的任务。在电子图纸的时代，由于 CAD 图纸无法记录工程项目所有构件详细的信息，计算工程量时需要靠人工对图纸进行测量计算以及数据统计，也可以采用造价计算软件参照图纸或参照 CAD 文件重新建模并进行计量。通过对比发现，前一种方式需要大量的人工，同时在计算过程中也容易出现各种问题；后一种方法需要多次调整设计

方案和模型,一旦出现滞后性,那么工程数据往往会失真。因此,利用 BIM 技术进行园林景观工程造价是园林工程项目的必然选择。一般而言,可以利用 ODBC(开放式数据库连接)方式直接对 BIM 相关工程量统计的软件的数据库进行数据的访问与调用;也可以利用 API(应用程序接口)作桥梁连接 BIM 相关工程量统计的软件与成本预算的软件;还可以利用 BIM 软件自带的算量功能直接计算并统计出工程量,然后导入 Excel 表格中。这三种方法为获取 BIM 模型中相关工程量统计信息的主要手段。由 BIM 三维建模软件建立的模型可自动统计并计算各个构件的工程量数据,并且能够准确而快速地导出部分工程量清单与计价表。BIM 软件能从时间与构件类型两个维度统计构件类型与工程量信息,而后根据工程采取的计划进度信息与实际的实施进度信息进行同步比对,从而实现实时动态地统计任意节点处各个构件日计划完成工程量、工程总量以及实际完成总量等信息的功能,协助造价员和项目管理人员更及时、详尽地了解工程实际的完成情况,更好地与计划完成的工作量进行实时的动态比对与分析。

五、BIM 技术在园林工程进度管理中的应用

目前,很多施工企业在管理上盛行经验主义,这主要是因为企业很难对大量的工程数据进行精细化的管理,因此也很难通过技术获取信息,导致资源计划并不准确。但是利用 BIM 技术,可以帮助相关人员通过技术获取相关基础数据,从而有效支撑该企业制订准确度较高的资源计划,有效减少各种环节的浪费,也有助于限额领料和控制材料的消耗。数据是支撑管理的基础,要想对项目进行高效管理,就需要加强对工程基础数据的管理。

在其他行业的建筑工程项目中,利用 BIM 技术就可以把土建、装修、机电等各个专业的 BIM 模型集中在一起,实现协同建模,并可以利用 BIM 软件对工程项目中各专业的模型进行碰撞检查,从而根据碰撞点对模型进行优化处理。对于园林工程专业来说,施工面没有建筑工程那么多的复杂界面,但是,园林工程面对的是更为隐蔽、管线走向不明确的室外市政管网管道。虽然在工程项目开展的过程中,业主方会提供市政管网的 CAD 图纸,但由于以往市政工程作业时所产生的误差以及施工人员对图纸的误解,往往会在开挖的过程中对市政管网造成破坏,由此带来的返工情况时有发生,不仅耽误工期,还增加工作量。

首先,根据现场施工场地的市政管网管道的实际情况和业主方提供的二维 CAD 图纸等资料,运用 BIM 技术建立项目的 BIM 三维模型。通过模型,相关人员可以合理地对施工现场进行施工段作业面划分,避免因对市政管网管道的不了解而造成工期延误,很好地优化施工工期。

其次,导致园林项目进度出现问题的地方就是施工进度计划编排不合理,对比其他土建、装修以及机电等专业工程,园林工程所涉及的施工分类、施工工艺及施工工序相对较少,且由于园林拥有广阔的施工界面,常常会被忽略其在工程项目中的重要性。但如果能合理地安排施工计划,优化施工工序,统筹施工材料等,对于园林施工企业来说,就可以提升核心竞争力,百利而无一害。

再者,由于园林工程在工程项目中往往都是最后一个才进场施工的专业,经常得不到业主方的重视,又因为工期的问题,业主方都会要求园林专业施工单位尽快完工,这就造成园林工程与其他工程专业之间的碰撞和冲突,严重影响园林专业的施工质量,也导致因施工无序、各自专业抢工期等问题,使得工程到最后无法按时完成。

施工信息化发展到今天,许多施工单位对施工进度计划的编制还是采用甘特图等 2D 显示的文档文件,但这类文字性的进度计划对工程的实际应用已经起不了多大的实际指导施工的作用了。在施工的过程中,进度出现问题往往都是根据施工员的施工经验去解决问题,但这样就导致施工的进度计划发生了改变,而没有得到更新,没有及时进行工期的调整。很明显甘特图等计划已经不能满足现场实际的施工需求。

BIM 技术可以同 Autodesk Navisworks 软件将施工进度计划和 BIM 模型绑定在一起,使得施工进度计划更加立体,施工单位就可以根据模型和进度计划,对施工方案进行调整,优化施工工序和实施方案。施工单位还可以通过 Autodesk Navisworks 软件快速模拟和推演施工进度,生成进度报告,实现施工进度工期管理。

在园林景观构件和绿化植物的施工管理方面,利用 BIM 的虚拟施工进度技术,在模拟施工进度时将进度和计划与之同步,并在可视 4D 模型中整合园林的时间和空间信息,从而使整个园林中的不同构件、部位的施工程序直接地显示给相关人员,也在一定程度上有利于施工班组进行工序交底,达到现场管理的控制要求,也有利于施工管理人员随时了解施工进度。

六、BIM 技术在园林工程协同管理中的应用

BIM 在建筑设计应用中可以根据专业规定约束其他关系。BIM 技术具有虚拟施工的功能,这是因为其三维可视化以及时间维度功能的重要作用。利用这一技术能够将施工技术以及工程项目的实际进展情况进行直接、快速的对比,并且不会受到其他条件的限制,因此也可以进行多方协同,使各参与方对工程项目的问题和具体情况进行有效了解。

BIM 技术的应用可以更好地实现协同管理,通过 Revit 建立起的 BIM 模型,所有项目的专业单位可以通过万维网和模型集对 BIM 模型进行修改和更新。通过网络,不同办公地点的业主方、设计方以及施工方都可以即时通过 BIM 模型得到最新的施工信息,完美地避免了传统方式的各种修改方案会议、设计变更会议等所带来的无效工作。

因为具有三维可视化的功能,所以 BIM 技术具有直观性特点,在工程前期相关人员可以利用该技术实现碰撞检查,使工程设计更加优化,从而也能使施工阶段的损失降至最低,减少返工的可能。此外,利用这一技术还能使工程楼层净空高度更加优化。而施工人员充分利用此项功能去优化园林工程方案,可以实现三维施工交底和模拟,从而使施工质量不断提高,也能在此基础上和业主方进行有效沟通。

BIM 数据库中的数据为可计量数据,而且丰富的工程相关信息能够有效支撑工程所需的各项数据。同时,BIM 技术中也含有项目基础数据,能够在不同管理部门当

中协同和分享。由于时空维度以及构建类型不同,BIM技术还会根据工程量信息的特点进行有效汇总和拆分,甚至能进行对比分析,从而为相关人员快速提供精确度较高的技术数据,也能为决策者的决策提供合理依据。

七、BIM技术在园林工程运营阶段中的应用

在物业运营阶段,BIM技术的应用也可以为物业管理单位带来便利和应用价值,三维可视化的视觉效果可以使物业管理人员通过监控BIM模型快速查询设备信息和物业租赁情况,同时也可以获得工程事物上的项目信息。

随着国家的经济实力日益增强,人们对居住环境要求越来越高,对居住小区的园林绿化、景观等公共空间的情况越来越关注,因此,业主发展商如果可以通过VR渲染等方法在BIM模型上加入园林、绿化、景观等模型信息对人们进行即时演示,将给购房者带来更为直观、真实的感受,满足购房者对居住空间要求的同时,亦可满足他们对绿化空间的需求。与此同时,物业人员亦可通过BIM信息模型的园林专业信息,实时监控和管理。

八、BIM技术在园林工程中的应用趋势

(一)BIM技术在园林配套开发中的应用趋势

BIM技术在工程项目中的应用可以提升造价、质量、计划的总体管理水平,将逐渐改变以往施工企业的管理格局。

BIM的物联网在管理方面可以实现可视化资产信息管理。BIM技术的广泛应用也为以物联网为主的基础数据提供了一种稳定的信息化模型,并且已经逐渐成为物联网的一个重要组成部分。如果BIM技术还没有实现,那么物联网在应用过程中就会受到一定的限制,也就很难渗透到建筑及园林行业。由于一些构件或物体具有一定的隐蔽性特点,很难通过肉眼直接辨认,所以要借助BIM模型进行深入分析。该模型为动态三维可视模型,因此可以从中显示出建筑物的全部信息,并且可以与其控制中心形成关联。而现阶段的BIM模型在设计及施工阶段应用较多,却还没应用于业主所关注的运营维护阶段,但一旦在运营维护阶段得到应用就将产生极大的价值。例如,控制中心人员发现某个园林景观构筑物出现问题,他只需要在电脑前打开BIM软件模型,系统就能自动显示出现故障的景观构筑物的位置。

基于BIM的管理平台可以给后续的运营维护提供海量数据,通过关键字模糊搜索,可以实现在整个建筑物及其附属工程中,迅速查找到含有搜索的关键字的某一类设备,并迅速生成列表;点击表单中的设备,实现设备搜索定位并聚焦放大,对着设备点击既可以对建造、产品信息等进行查询,也可以查询设备的操作手册等信息。同时,将资产编码信息赋予模型,并移交给资产管理方,做到资产清单一手掌握,可实时查询并定位相关资产设备,实现所有资产的信息化、可视化管理。

(二)BIM技术在园林工程材料管理中的应用趋势

BIM软件的衍生功能在国内目前还处于开发和摸索阶段。运用BIM对安装材料进行管控,可以实现材料管理有的放矢,降低材料成本,提高经济效益。

为配合好工程项目按施工计划顺利地开展,相关人员可以结合项目现场实际的

管理需求,利用 BIM 软件在建模的同时,结合物联网技术,实现对园林专业全生命周期的工况信息的自动收集、智能分析、主动管理。景观构件在工厂完成之后,直接被运输到施工现场,相关人员可以运用物联网技术,对构件进行跟踪,并将相关物流信息同步到 BIM 模型中,这样其他项目人员可以通过移动终端查询构件运输及安装信息等。园林工程中的各类构件就被赋予了尺寸、编号、材料等约束数据参数。相关人员还可导出材料、设备的信息数据,并可以据此开发出一套用于监控园林工程的构件和植物从选购、下单、验收、发车、到场、放置情况的“材料管理系统”的平台软件。通过该开发系统的功能,项目业主方以及现场的施工管理人员能即时在电脑上跟踪了解景观构件和绿化植物的具体流程和运输等实时情况,与现场实际的总体施工计划进行比较,避免景观构件和绿化植物生产延误、订货延误、验收整改、发车缺货等情况的发生而导致施工进度滞后,从而使每个环节的运作更加合理。根据景观构件和绿化植物的体积、放置位置等具体情况,结合施工场地的实际情况,合理地布置景观构件和绿化植物的堆放位置,可以最大限度地避免材料的二次运输,从而逐渐改变管理模式粗放、分散的特点,并使其成为不断细化、条理化的现场施工管理模式,从而很好地解决现场场地狭小、场地运输困难、很难有效控制施工质量等难题,在很大程度上提高工程项目的工作效率,明显降低单位的工作成本,同时保证现场施工的顺利进行。

(三)BIM 技术在园林工程二维码管理中的应用趋势

通过适合的方式将 BIM 技术、二维码技术与传统的工程管理流程结合,有助于工程的管理。BIM 软件的工程量统计功能大大减少了工程预算人员的工作时间,这在一定程度上可以为控制施工成本提供有效保障。然而,像广州白云机场噪声治理项目安置区工程这种项目,只是工程量的统计或者是施工工序模拟等应用是远远不够的。为了提高施工材料采购管理中的质量管控水平,在项目工程中常采用二维码技术来解决传统工程管理方式中存在的施工主要材料的到货进度、质量管理等难题,因此有必要将二维码技术作为园林工程中应用 BIM 技术的重要组成模块。采用二维码技术,可以实现对材料及设备的检测、检验及验收等方面的信息运维管理工作。

订购相关材料、设备时,相关人员将会书面通知材料供应商在材料运输时将植物信息和景观构件信息的 BIM 系统标识码、植物和景观构件信息(名称、编号、生产商、日期、产地、安装位置等),编写生成二维码后贴附在铭牌处或标识处。其中二维码的首行就是该植物、景观构件的 BIM 系统标识码。而二维码规格为 3.5 cm×3.5 cm(信息控制在 300 字以内,含 300 字),材质可选用聚对苯二甲酸乙二酯(PET)材料;信息码采用 A 形式,即可以通过智能手机(安装扫描二维码的应用软件)直接读取二维码内包含的信息,不需要连接网络。

BIM 系统标识码应该位于二维码信息内容的首行,该标识码与 BIM 系统 3D 模型中的标识码应当相一致,是每个构件的“身份证号码”,起到实物与 BIM 系统 3D 模型一一映射的作用。设计院完成二维图纸,施工单位的 BIM 团队将构件完成编码后,将编码下发至材料供应商,材料供应商在施工材料和绿化植物出厂时制作并粘贴二维码。

施工材料的施工单位在完成安装后、移交前,应按照施工安装单位名称、安装人员名称、材料到货时间、施工完成时间、运营维保使用信息等内容的要求,编制及制造二维码并贴附在施工材料表面。

(四)BIM技术在园林绿色工程中的应用趋势

"绿色建筑"这个名词在21世纪已经炙手可热,在许多国家,节能概念更是行之多年,绿色建筑已成为全球的共同目标,这股新浪潮也正一波一波地向我们涌来,在《绿色建筑评价标识管理办法》中多处提到了园林工程的应用。BIM技术可以在绿色工程施工中发挥巨大的作用,从绿色建筑工程中提取相关技术数据。例如,通过BIM模型和软件可以模拟日照采光与照明、室内通风空调风量分析等。

目前,环保已经逐渐成为时代的发展潮流。在这一背景下,全球已有多个国家和地区陆续推出了一系列绿色、节能、可持续的建筑设计标准。我国也在21世纪初推出了关于绿色建筑的评价标准,并充分借助BIM软件建立了比较简单的信息模型,因此,建筑师可以充分借助这一模型随时随地对方案的性能进行评估。而评估的结果可以帮助建筑师对方案进行及时调整,从而对其优劣进行比较,以不断适应当前环保的时代背景。应用BIM技术可以在方案设计初期就直接反馈出准确的建筑能量型,这也是计算机辅助建筑设计的一大优势。

(五)BIM技术在园林工程装配式施工中的应用趋势

在建筑工程行业和机电工程行业内,英国、德国等西方国家的预制构件装配式技术早已在行业内得到广泛的推广和应用,我国近年来也大力推进了楼宇住宅建筑工程的预制构件装配式应用,按照我国最新的《建筑行业现代化发展规划纲要》,到2025年新建建筑装配式建筑物占总新建建筑物的比例要超过50%。

然而,相比于建筑工程和机电工程等装配式预拼装技术在行业内逐渐普及及推广,园林工程师目前只是利用装配式构件的快捷施工等优势,简单地构建园林工程中的景观等特殊结构,在园林行业中真正的装配式拼装设计施工等理念还没有得到行业的支持或二次开发研究,没有得到太多的发展,还没有形成一个属于园林工程的装配式拼装系统。

按以往传统的设计施工模式,应该由甲方承建商、设计单位、施工单位及监理单位共同参与。但是在这种传统管理模式里面,设计单位与施工单位之间没有直接的合同履约关系,只是在甲方的授意下,各自完成设计或者施工的任务,缺乏沟通的桥梁。设计单位只负责设计文案、施工图绘制和配合甲方进行协调等具体工作,并不参与施工项目的施工过程。装配式技术与传统模式施工最大的区别就是改变了这种较为落后的多方之间合作的模式。装配式技术对施工项目图纸管理及BIM模型管理有着很高要求,因此,装配式的项目多数采用设计—施工—采购总承包(EPC)模式,设计单位及施工单位融合在一起,不分彼此。在EPC的管理模式中,施工单位处于主导的位置,一方面要完成甲方传达的施工任务,包括施工方案、施工进度、工程造价等;另一方面要协调设计单位,从设计阶段就开始计划BIM模型构件分段和接口的连接。在实际施工过程中,施工方还要对应编制好各项施工技术方案。

园林工程装配式施工主要采用 BIM 建模对复杂景观构件进行参数化,从而在构件厂中预制出复杂形状的景观构件。BIM 信息化或 5D 平台所提供的项目参数化信息使得预制的这些复杂景观构件可以直接在预制构件厂中生产,然后直接运输到现场拼装。BIM 技术中含有景观预制构件的参数化信息,可通过 BIM 应用平台,对园林景观构件进行构件分析、BIM 建模、出具加工级别的深化设计图、各专业协同园林专业管理、虚拟施工拼装动画,使得园林施工方可以对施工全过程实现监控管理。综合了 3D 扫描技术、BIM 建模、景观构件工厂预制加工、现场组装等多种技术的园林专业预制装配技术,可以大大缩短现场安装施工工期,提高产品质量,节约材料和人工,更有效地控制园林项目的进度管理,保证施工质量。

园林装配式施工可根据园林专业的 BIM 构件库进行,其优势主要表现在如下几个方面:

第一,BIM 构件库可以通过 BIM 建模建立或收集其他项目的 BIM 景观构件去丰富 BIM 景观构件的数量、构件的种类和施工材料的规格,并建立起园林工程特有的装配式预制构件库。

第二,BIM 信息技术有助于完成组件拆分和优化设计,从而避免程序化不合理导致的技术和经济的不合理。在 BIM 模型中完成的部件加工图纸能清楚地传达图纸的二维关系,清楚地表达复杂的轮廓关系,从而更加紧密地与工厂对接。

第三,BIM 模型可以真实反映复杂的构件形状,BIM 技术的虚拟施工功能可以完成施工模拟碰撞检测和复杂节点施工仿真安装。施工单位人员可以清楚地了解设计单位的意图和查询装配式构件的预制信息,避免 2D 图纸的偏差,形成生产、运输一体化链接,从而提高预制构件的精度和效率。

第三节　算量技术在园林工程造价中的应用研究

一、表格算量法及其在园林工程造价中的应用

20 世纪 80 年代末,电脑开始在中国慢慢普及;20 世纪 90 年代中期,Office 办公软件开始盛行,人们发现了 Word、Excel 等办公软件的快捷方便,开始将其推广到各行各业。工程造价行业也开始使用 Excel 电子表格进行算量计价。Excel 电子表格可以直接输入计算式,自动算出结果;还可以输入基础数据,通过建立函数公式计算工程量;更可以建立链接自动汇总,如果明细表的数据发生变化,汇总表的数据也会自动变化,大大地提高了计算速度。电子表格算量与手写算量的共同点是首先要熟悉图纸,然后按照一定的计算顺序,逐个输入构件基本信息(长、宽、高、厚等),逐条列明计算过程,把每个构件的工程信息逐一输入、逐一计算再汇总。

电子表格秉承了手写算量的计算思路,又具有强大的计算功能,让造价从业人员不用改变计算习惯,又可以免去烦琐的重复操作。因此表格算量法深受广大造价从业人员喜爱,很快便被快速地普及使用。这个时期相关人员总结出了大量应用于工

程量计算的电子表格模板,工程造价人员复制一个计算模板过来,输入基础数据后就会自动汇总计算,省去了许多建表、建函数公式的时间。

电子表格算量技术节省了造价从业人员敲计算器的时间,一定程度上提高了计算速度,同时通过建立链接的函数公式计算,修改某一子目工程量时,与其相关联的其他子目工程量以及汇总表中的总工程量都会自动变化,修改错漏更方便快捷。但是电子表格算量技术没有从根本上改变算量模式,造价从业人员仍然必须逐一手动输入海量基础数据,并根据扣减关系列出相应计算式,而且很多数据没法重复利用,还需要多次输入。

总之,电子表格算量的计算速度明显快于手写算量,并便于修改和存稿留底,除少数年纪大的造价从业人员对电子表格算量新技术难以学习和掌握外,大量造价从业人员开始使用电子表格算量。园林工程的工程量计算也跟随先进技术,普遍采用电子表格算量。由于一个 Excel 电子工作簿可以包含数个工作表,而园林工程所包含的分部工程类型繁多,园林工程的工程量计算模板在工作簿建立了多个工作表,例如园建、绿化、园林水、园林电、园林小品等,分类计算相应工程量。每一个工作表中根据计算内容的不同采用不同类型的表格样式进行基础数据的输入和工程量的计算。

二、其他算量法

(一)二维软件算量法

随着计算机技术的普及和广泛应用,21 世纪初期开始涌现出一批算量软件。这一时期的算量软件是基于电子表格算量原理结合 AutoCAD 技术发展起来的。土建专业的钢筋算量首先带动了二维软件的开发,如鲁班钢筋算量软件采用单构件法计算钢筋工程量,在软件中逐个输入单个构件的基础数据,软件自动汇总。但当时的基础数据不是通过列表的形式呈现的,软件中会有各个构件的平面示意图,在示意图中标注相应的信息,软件自动算出工程量,并可以生成电子表格格式的成果文件。

二维软件算量技术相对于表格算量技术,基础的构件信息(构件尺寸、配筋信息等)仍然需要手动输入,但不用列计算式,软件中已内置计算式,只要输入基础数据,软件会自动列式计算。二维软件的生成电子表格技术,可以把软件的计算过程详细生成电子表格,以工程量计算明细表的形式直观展示出来,方便查看和检查,并可以根据需要灵活地生成各种形式的表格。例如,钢筋工程量可以生成楼层构件汇总表、楼层构件直径汇总表、构件明细表等各种表格,方便从需要的角度查看工程量。

二维软件算量技术仅应用于土建专业,用于计算钢筋和混凝土模板等工程量。鲁班钢筋算量软件应用最普及,21 世纪,实践工作中绝大部分的造价从业人员都采用鲁班钢筋算量软件计算钢筋工程量。总体来说,二维算量技术应用时间不长,应用范围不广,很快被三维算量技术替代。安装专业、园林市政专业以及土建工程中的墙柱面工程量、楼地面工程量等仍然采用电子表格算量技术。所以,二维软件算量技术并未应用于园林工程,园林工程的工程量计算仍然采用电子表格算量技术。

（二）三维软件算量法

二维算量软件投入使用后，工程造价人员充分感受到软件算量的优越性，同时也对软件算量技术寄予更高期望，希望算量技术能更快捷、更直观并能更广泛地应用于各个专业。广大造价从业人员通过实践应用对软件的开发提出了众多需求以及开发建议，三维算量软件迅速出现。广联达、斯维尔、构力、鲁班、殷雷等软件开发商相继开发了三维算量软件，在软件中构建建筑三维模型，模型构建完成后即可自动算出整栋楼工程量。三维软件算量的优势是通过描图把平面图纸转化为立体的三维模型，模拟真实工程的工程构造，软件自动扣减交叉部位的工程量，自动识别不同构件，自动汇总不同构件的工程量。只要模型构建准确，构件信息输入准确，软件计算又快又准。三维算量软件还能快速测算不同设计方案的造价差异，例如，测算层高取 3.7 m或 3.8 m，手工测算需要 2～3 天时间，而用三维算量软件测算 2 个小时就能完成。该阶段算量软件"百花齐放、百家争鸣"，三维算量技术普遍应用，各开发商开发出了大量的造价行业计量计价软件。

采用三维算量技术，使用者只要输入构件尺寸和其他属性数据，便能准确构建建筑的三维模型，之后软件通过内置的工程量计算规则自动计算汇总，快捷直观地展示算量成果和计算过程。三维算量软件还能赋予每个子目计价编码，软件的输出成果能与计价软件对接，快速导入计价软件，大大提升了计价速度。三维算量软件也存在一些不足。首先，构建整个建筑物的三维模型需要很长时间，而模型只能用于统计空间尺寸信息计算工程量，对模型的利用率较低。其次，三维算量软件与设计文件的对接有待完善，不能直接导入设计文件。构建三维模型基本是采用描图的方式重新绘制三维图，重复了设计的一部分工作，如果能直接导入设计文件生成三维图，将大大减少建模时间。另外，在建模过程中容易出现造价人员对图纸的理解偏差和人为错误，造成模型失真，算量不准。

由于三维算量软件的一些明显优势，如直观地展示建筑物的空间结构，可视化效果好，造价从业人员迅速开始使用三维算量软件。土建专业中的钢筋、混凝土工程、砌筑工程、基础工程、墙柱面工程、楼地面工程等基本全部采用三维算量软件计算，安装专业中的建筑给排水工程、室内电气工程等逐步开始采用三维算量软件计算。但是市政工程和园林工程的工程量计算仍采用表格算量法。

近年来，工程造价人员基本都采用三维算量软件进行工程量计算。在三维算量软件的使用过程中，工程实践人员不断要求软件操作更简便、计算成果更准确、软件运行更稳定，不断推动软件的升级改造。不能适应市场需求、不能满足工程实践人员要求、不能持续改进的算量软件便被淘汰。

三维软件算量技术未能应用于园林工程，原因有几个方面。首先，构建三维模型太花时间，园林工程点多面广，建模比土建工程更费时间。对于一个熟练有经验的园林造价从业人员，用表格算量法计算园林工程量所花的时间要远少于建模时间，何必多花时间去建模呢？其次，三维算量技术彻底颠覆了工程量的计算模式，传统的计算思路是通过逐条列项逐个计算每个构件的工程量；三维算量模式是先把整个工程模型构建出来,再一次计算整个工程的工程量。也正因为如此,造价从业人员没法一步步看到每个工程量的计算过程,对工程量的计算结果产生怀疑,对三维算量软件的计算准确度质疑。以上原因造成园林工程造价从业人员没有对三维算量软件的迫切需求,或者说根本没有需求。另外,由于园林工程总造价小,占整个建设项目的造价比例小,建设单位不太重视园林工程成本,自然也不会花钱去购置园林工程算量软件,这也造成园林算量软件的开发缺乏市场需求。

参考文献

[1]王裴.园林景观工程数字技术应用[M].长春:吉林美术出版社,2017.

[2]杨华金,唐岱.BIM模型园林工程应用[M].西安:西安交通大学出版社,2018.

[3]龚卓.计算机辅助园林设计[M].武汉:华中科技大学出版社,2018.

[4]刘丽,杜娟,段晓宇.计算机辅助园林设计[M].北京:中国农业大学出版社,2017.

[5]徐琰.园林计算机辅助制图[M].北京:机械工业出版社,2017.

[6]周沁沁.园林计算机辅助设计[M].北京:机械工业出版社,2017.

[7]史小娟.园林制图与计算机绘图[M].2版.北京:中国劳动社会保障出版社,2017.

[8]周政.计算机辅助园林设计[M].2版.北京:中国劳动社会保障出版社,2017.

[9]赵春春,李旭东.园林景观计算机辅助表现技法[M].南京:南京大学出版社,2017.

[10]邢洪涛,王炼,韩媛.园林山石工程设计与施工[M].南京:东南大学出版社,2019.

[11]操英南,项玉红,徐一斐.园林工程施工管理[M].北京:中国林业出版社,2019.

[12]谷达华.园林工程测量[M].重庆:重庆大学出版社,2019.

[13]周海萍.园林工程计量与计价[M].北京:中国电力出版社,2016.

[14]李瑞冬.风景园林工程设计[M].北京:中国建筑工业出版社,2019.

[15]李艳萍,张义勇.园林工程计价与招投标操作[M].北京:中国农业大学出版社,2019.

[16]吴戈军.园林工程招投标与合同管理[M].2版.北京:化学工业出版社,2019.

[17]温日琨.园林工程计量与计价[M].北京:中国林业出版社,2020.

[18]潘斌林,王颖,张敏,等.园林工程招投标与预决算[M].天津:天津科学技术出版社,2019.

[19]夏晔.城市园林工程与景观艺术[M].延吉:延边大学出版社,2019.

[20]唐登明,顾春荣.园林工程CAD[M].北京:机械工业出版社,2020.

[21]黄晖.园林工程制图与识图[M].重庆:重庆大学出版社,2020.

[22]陈丽,张辛阳.风景园林工程[M].武汉:华中科技大学出版社,2020.

[23]黄顺,于显威.园林工程概预算[M].北京:中国农业出版社,2020.

[24]孙海龙.园林工程施工[M].哈尔滨:黑龙江科学技术出版社,2020.

[25]万孝军,桂美根.园林工程监理[M].北京:中国农业出版社,2020.

[26]万滨.园林工程快速识图与诀窍[M].北京:中国建筑工业出版社,2020.

[27]张朝阳,张蕊.园林工程招投标及预决算[M].郑州:黄河水利出版社,2020.

[28]张婷婷,王燚,徐洪武.园林工程综合实训指导书[M].北京:机械工业出版社,2020.

[29]沈毅.现代景观园林艺术与建筑工程管理[M].长春:吉林科学技术出版社,2020.